澀澤榮一

論語與算盤

一個商人，
憑什麼印在萬円日幣的鈔票上

一手論語，一手算盤，「義利合一」才是做人處事與企業經營的最高準則

《論語與算盤》，數十年來影響著日本的企業，並被日本菁英人士奉為做人處事與企業經營的最高準則。

澀澤榮一對日本的現代化，做出巨大的貢獻，被譽為「日本企業之父」、「日本金融之父」、「日本現代文明的創始者」，是日本崛起的關鍵人物。

序言

在日本流傳著一本書，被稱為「商業聖經」，這本書就是澀澤榮一的《論語與算盤》。《論語與算盤》是澀澤榮一總結其一生學習《論語》的體會與經營企業的經驗，彙集平日的講演與言論而成的一本書，集中表達了儒家的經營理念與儒商的處世之道。

澀澤榮一是日本明治維新時期的實業家，被譽為「日本企業之父」、「日本金融之父」、「日本現代文明的創始者」。澀澤榮一經歷了江戶、明治、大正、昭和四個時代，參與了日本走向現代的整個歷程，對日本的現代化作出了巨大的貢獻。他曾赴歐考察學習西方的產業制度，率先改革日本的租稅和貨幣體制，推行新式的會計制度，最早引進西方的股份制度；創立了日本的第一家股份制銀行，並參與創立或主持了日本五百多家大企業，如王子製紙會社、日本郵船會社、大阪紡織會社、東京海上保險公司、東京石川島造船會社、日本鐵道會社等，這些企業在今天的日本乃至世界仍具有巨大影響。日本一家著名的財經雜誌社對一百位最成功的企業家進行調查，問「誰是你最崇敬和對你影響最大的人？」結果澀澤榮一名列第二。

澀澤榮一最可稱道的是提出了「《論語》與算盤」的儒家式經營理論，為日本的經濟發展確立了

「義利合一」的指導原則，並且澀澤榮一以其儒商的典範影響了好幾代日本企業家，為儒家文化在現代的轉化與復興作出了活生生的有力見證。

澀澤榮一說：「**我始終認為，算盤要靠《論語》來撥動，同時《論語》也要靠算盤才能從事真正的致富活動。因此，可以說，《論語》與算盤的關係是遠在天邊，近在眼前。**」又說：「士魂商才也是這個意思，為人處世時，應該以武士精神為本，但是，如果偏於士魂而沒有商才，經濟上也就會招致自滅。因此，有士魂，還必須有商才。要培養士魂，可以從書本上借鑑很多，但我認為，只有《論語》才是培養士魂的基礎。那麼，商才怎樣呢？商才也要透過《論語》來充分培養。或許說道德方面的書與商才沒有什麼直接的關係，但是，所謂商才，本來也是要以道德為基礎的。離開道德的商才，即不道德、欺瞞、浮華、輕佻的商才，所謂小聰明，絕不是真正的商才。因此說商才不能離開道德，當然就要靠論述道德的《論語》來培養。同時，處世之道，雖十分艱難，但如果能熟讀而且仔細玩味《論語》，就會有很高的領悟。」

日本資本主義興起之後，整個日本社會產生了各種變化，澀澤榮一在晚年撰寫本書，也是對日本企業界的一個批判。歷史往往有相似之處，如今的社會，正處在澀澤榮一曾經歷過的轉型期，工商界人士魚龍混雜，不道德現象比澀澤榮一時代的日本更是有過之而無不及，商人為了追逐利益，生產假冒偽劣商品，甚至不擇手段，連最基本的良知都喪失了！

鑑於這種情況，提高中國人的道德水準，培養經商者的道德素質，就成了目前經濟發展的當務之急。而《論語與算盤》「義利合一」的原則正是儒家道德放之四海皆準的處世原則，對於企業經營者可以說是一本不可不讀的好書。

現在，社會在不斷的變化，謀利的方法也在不斷改進，「《論語》＋算盤」的模式可以發展為「《論語》＋電腦」或「《論語》＋××」的模式，但不管怎樣變，《論語》始終代表著東方儒家永恆的道德理念，而「＋××」則代表西方先進的謀利工具。

澀澤榮一「論語＋算盤」的模式給了我們一個很重要的啟發，那就是中華民族優秀道德文化，是建立中國式企業制度的精神基礎和價值源頭。《論語》代表的是中國文化的核心價值，中國人在中國用中國文化的核心價值建立中國式的企業制度；比起澀澤榮一在日本用中國文化建立日本式的企業制度更名正言順，更親切自然。

在本書中，澀澤榮一反對所謂經濟活動與倫理道德不相容的舊觀念，主張倫理道德與經濟的融合。他還極力反對空談倫理道德，輕視經濟和物質利益。書中，澀澤榮一還強調了學問在工商業發展中的重要性，批評了從商不需要學問的錯誤觀念，鼓勵人們修習學問。這裏的學問包括兩方面的內容，一是專業知識，一是道德修養。他認為，這兩方面不可偏廢，必須同時協調並進。

《論語與算盤》全書共十章，分別為：處世與信條；立志與學問；常識與習慣；仁義與富貴；理想與迷信；人格與修養；算盤與權力；實業與士道；教育與情誼；成敗與命運。

本書是澀澤榮一歸納自己一生的成功經營經驗寫成的書，自昭和三年第一次出版發行以後，很快就一版再版，深受人們的喜愛，除了講經濟與道德外，《論語與算盤》還牽涉到人生許多方面的問題，在某種程度上可以說是一部人生的指南書。因此這本書不僅對企業的經營與發展，提高道德修養有幫助，而且對人們規劃自己的人生道路，創造人生價值，都有積極的意義。

澀澤榮一傳

澀澤榮一生於天保十一年（一八四〇年）二月十三日。澀澤榮一是日本企業界的領袖，經歷了江戶、明治、大正、昭和四個時代，參與了日本走向現代的整個歷程，對日本的現代化作出了巨大的貢獻，被譽為「日本企業之父」、「日本金融之王」、「日本近代經濟的最高指導者」、「日本現代文明的創始人」等。

澀澤家中世代從事農業、養蠶業，並兼當藍玉商，經濟上頗為寬裕。到父親市郎右衛門一代，又開始經營雜貨及金融，逐漸成為地方上的資本家而嶄露頭角。澀澤的家庭教育極其嚴格，他又天性聰穎，六歲時開始隨父親學習古文，先讀《三字經》，此後又陸續誦讀了《孝經》、《小學》、《大學》、《中庸》、《論語》等。七歲時，隨鄰村的尾高藍香學四書五經，及至《左傳》、《史記》、《漢書》、《國史略》和《日本外史》。當然，由於已培養了讀書能力，故十一、十二歲就已將《通俗三國志》、《里見八犬傳》讀得滾瓜爛熟了。

澀澤自十二歲起，學習神道無念流。十四歲開始幫助父親料理家業，負責稻米的栽培及鹽、油、藍玉等的販賣，平時不是耕地就是撥弄算盤。十六歲認識到幕府政治太腐敗，等級制度太惡劣。

二十三歲澀澤發起尊皇攘夷討幕運動。

文久三年（一八六三年），榮一與同志合謀，計畫奪取高崎城，火攻橫濱。他糾集了六十九名同志，令人從江戶送來刀、槍，藏於倉庫，此事，由於同志中一人（尾高長七郎）目睹了十津川鄉士慘敗的模樣，拚死制止，才得以安然無事，然而，澀澤的討幕舉動並沒有因此而動搖。

元治元年（一八六四年），上京後的澀澤，經平岡丹四郎的推薦，成了一橋慶喜的家臣。出仕之後，隨即擔任「步兵取立御用」的職務。任職後，他四處募集農兵，立下了大功，

慶應元年（一八六五年）八月澀澤晉升為勘定組副組頭後，掌管一橋家財政，往返於大阪、兵庫、播州、備州之間，經營販賣。

慶應二年，澀澤被提升為勘定組頭，同時被免去御用談所職員的身份，專心致力於經濟財政工作。六月，幕府將軍德川家茂病逝，擁有眾望的德川慶喜被眾人推舉進入幕府，繼承將軍職位，成了第十五代大將軍。主子德川慶喜原屬討幕派，澀澤陷入了「失望、沮喪、不平、不滿」的狀態中，煩悶之餘，便決定重新恢復浪人的身分。然而，就在他打算要辭去職務的時候，慶喜命他隨其弟昭武去出訪法國。

慶應三年一月十一日，澀澤隨德川昭武一行三十人，乘著法國船「阿爾黑」號，自橫濱港起程。這趟西洋之行給他的思想帶來了極大的變革。

明治元年（一八六八年）十一月十六日澀澤帶著全新的思想回到日本。這時日本已全然改變了，

德川幕府垮台，明治新政府誕生了。

明治二年二月，日本第一個根據股份制組織而成立的「商法會所」在靜岡開業。澀澤進入大藏省出任租稅正，擔任此職後，開始改革租稅制度、貨幣銀行制度；度量衡制度所取得的成績，就是藩閥政府中的「實力者」也不能相比。他的地位也因此跟著躍升至大藏少輔事務次官。

明治三年，澀澤主張設立寶源局，專門促進農業、工業、礦業等行業的發展，進行實業技術教育，還主張建立博物館、植物園、動物園，設立專利法、著作權法，建立養育院、職業介紹所等機構，其目的是開發產業、促進文明建設和國家富強。但這些提出的方案沒有得以在民部、大藏省討論。這些事業既是澀澤集改正掛成員的合理意見而行，又是他將在歐洲耳濡目染的西洋文明的精粹付諸實踐的成績。七月，政府實行改組，澀澤成為大藏省的人。八月，他被提升為大藏少佐，升為從六位。

明治四年五月九日，澀澤被升格為大藏權大丞，七月三日被任命為制度取調御用掛兼勤，即政府最高會議的書記官，在政府商議廢藩置縣時，澀澤受命起草了決議。七月二十九日政府官制改革時，澀澤被任命為樞密權大史，但仍然執行大藏省的事務，不久樞密權大史官制作廢，八月十三口被升為大藏大丞。這時他受命起草大藏省官職制度及事務章程，連續三天廢寢忘食，回家後挑燈夜戰，終於如期的完成了任務。同月十九日公佈的大藏省官職制度及事務章程即是澀澤起草的，這個章程的有關出納部分規定：凡是支出或納入錢款的時候，不論金額高低，都必須持有大藏卿或輔認可的證據才能領收或支付。這是日本從未有過的新型的財會規定，是澀澤模仿美國的形式，在閣伊藤和井上馨商議後寫進章程的。

明治六年五月，大藏省與大久保利通因軍費問題而產生對立，又因各省預算增額的要求與地方產生摩擦，澀澤和井上一起辭職。他全身心投入實業界，就是從此開始的。

明治八年，澀澤與森有禮創設了商法講習所，後來成為高等商業學校，又升為商科大學。榮一創建這個商業教育機關對日本商業的發展產生了非常大的作用。

明治十年澀澤約同米倉一平等人商議，向東京府知事楠木正隆申請成立了商法會議所。第二年三月得到了許可，會議所成立後，選舉榮一為會長。從明治十二年起，刊印了大事錄。這個商法會議所正方興未艾時，恰逢明治十四年五月政府創設農商工諮詢會，遭受了挫折。明治十五年芳川顯正擔任東京府知事，澀澤降為東京商工會創立委員，創設了東京商工會，並積極活動，誘發了全國其他地區產生了同樣性質的團體。後來，為了得到與歐美各國的商業會所同等地位，到了明治二十三年九月發佈商業會議所條例時，澀澤與眾人一起擔任商業會議所創設委員，隔年五月東京商業會議所取代東京商工會而成立，澀澤被推為會長。當時商工會消解，東京商業會議所成立之際，商工會員們一致通過決議，澀澤受到表彰。明治三十五年商業會議所法得到通過，直到今天，其組織對於商業界、對於國家仍有著重大作用。

澀澤還是保險業的創始人，澀澤使大家認清了保險業有益於國家，是一項正當的、獲利的事業。

明治十一年十二月海上保險會社開業，澀澤和岩崎彌太郎共同擔任相談役。而在此之前，保險業是當時日本國人聞所未聞的事業。

明治十三年，澀澤召集京濱銀行集團代表，將擇善會與銀行懇親會合併為銀行集會所，作為金融及民間經濟的領導者，保護著自己和其他銀行的利益。

明治十四年九月澀澤提出設置中央銀行，參照白耳義中央銀行制度與日本國情，制定並公佈了日本銀行條例，明治十六年五月修改了國立銀行條例，規定各國立銀行從獲得開業許可之日起二十年內繼續營業，期滿後喪失發行紙幣的特權，變為私立銀行。在這段時間中，澀澤與第三國立銀行安田善次郎、三井銀行的三野村利助一起，辦理了設立中央銀行的手續；還本著東京銀行集會所的意見，圓滿的解決了各國立銀行的銀行紙幣銷毀問題。

商業中的支票交易和往來是商業發展的重要一環，日本的支票交易也是在澀澤一手扶植下產生和普及的。明治十四年七月，榮一將東京銀行集會所全體會員集體署名的申請書呈給大藏省，要求得到匯兌支票及契約支票的發行流通的許可。明治十五年十二月，政府同意這個方案，發佈了匯兌支票和契約支票的條例。澀澤幫助主要的企業家學會支票的使用及信用交易的方法，還請大藏省工作人員田尻稻次郎進行支票知識的講座等，十分細緻而周到。明治二十年十二月，澀澤與聯盟的十五大銀行協商，創立了東京支票交易所；明治二十四年三月進一步修改、完善了不足之處，支票交易所在組織、交換方法諸方面上已經充分成熟。明治二十九年支票交易所由銀行集會所遷往日本銀行內，其業務更加活躍。支票在今天來看是社會中極其普通的事物，可是在當初從無到有的過程中，沒有澀澤這樣以國家、民眾的利益為己任的先覺者就不會有這種簡便而重要的商業形式出現。飲水不忘掘井人，人們永遠不會忘記澀澤的功勞。

澀澤的功勞、事蹟中還有一件不能忘記，這就是他幫助平野富二，推薦梅浦精一，自己也參加領導團隊，與眾人共同創立了石川島造船所，推進了造船業的發展。一直到後來，他還間接的致力於橫濱船渠會社和函館船會社的建設。

明治三十三年，澀澤被列入華族，授予男爵稱號，到了大正九年升為子爵。

明治三十五年五月十五日，澀澤與夫人一行登上了視察歐美的旅程，在美國受到羅斯福總統的接見，在英國的倫敦商業會議所受到了特殊待遇，經過法國、義大利等國，於十月三十一日回到日本。

明治四十二年六月，澀澤在匆忙的歲月中百般勞累，身心都感到了疲勞。這時他已是七十歲的老人了，於是他召集了東京煤氣會社的高松豐吉及二十名左右的下屬，說明了辭去取締役的意向，又通知有關的六十一個會社，宣佈一切職務均解任，今後只專心銀行業及社會公共事業。同年八月，澀澤接受美國歌托爾及太平洋沿岸八大商業會議所的邀請，以團長身份率領日本實業界中的重要人物三十名，赴美國訪問。在美國遍訪了五十三個城市，進行了所謂國民的外交，於十二月一日回到日本。

為了追悼明治天皇，澀澤首先宣導，發起了在東京都建設紀念神宮的計畫。大正元年（一九一二年）八月九日澀澤接見了東京都市公共團體，組織成立了神宮營造奉贊會、有志者委員會，他自己被推舉為委員長。經過屢次的聯合協議，決定將神宮安置在代代木，其外苑建在青山練兵場。澀澤等人將這個意見書提交給了總理大臣和宮內大臣。這就是後來代代木地方建起神宮的開端。大正元年澀澤成為明治神宮奉贊會創立委員長，大正四年五月制定了意向書及規約，六月將伏見宮貞愛親王迎為總裁。澀澤的耿耿忠心由此也見一斑。

澀澤從事的慈善事業極多，其中養育院事業是他特別關心的事業。經過幾次的變遷，後來還在安房設立了分院，設備、條件也越來越完善，受到了政府高官要人們的嘉賞。澀澤之所以熱心於慈善事業，當然是出於他那顆充滿了仁愛之心；如果追根溯源，則是源於他母親和善之心和惻隱之情。他母親對待窮困貧苦之人及老幼婦孺極其關心，充滿了救濟慰藉之心，甚至有時過於仁慈，引起其丈夫的不滿。澀澤母親於明治七年逝世，在那以後的幾十年時間裏澀澤堅持不懈的從事慈善事業。

昭和六年（一九三一年）十一月十一日，九十二歲的澀澤作為時代之子結束了富有意義的一生。現在，在日本金融產業的中心地帶，在東京站和日本橋之間的常盤橋邊，在百年老店日本銀行的正對面，澀澤的青銅塑像巍然屹立，一手拿著《論語》，一手拿著算盤，時時刻刻注視著日本經濟的興衰消長和社會的陰晴晦明。

目錄

第二章：立志與學問

除天生為聖人者，我等凡人在立志的時候，往往會遭遇各種困惑。或者是被當前社會風潮所鼓動，或者是受到周圍事情的影響，使許多人不考慮自己的能力，貿然向自己本領以外的領域邁進。

第三章：常識與習慣

常識，就是指待人接物不矯情、不頑固，是非善惡分明，利害得失心中有數，言談舉止中規中矩。

第四章：仁義與富貴

與過去相比，現在的社會，知識有了顯著的發展，具有高尚思想感情的人也多了。換句話說，一般的人格都逐漸提升了，所以對金錢的想法也有相當的進步，用光明正大的方法來獲得收入，把金錢也用在正道上的人也多了，對金錢也有了正確的認識。

第五章：理想與迷信

孔子在《論語・雍也》中說：「知之者不如好之者，好之者不如樂之者。」一語道破了興趣的最高境界，這就是說一個人對自己的職務不能不滿懷熱誠。

第六章：人格與修養

說到「富」，社會人心的歸向多半如此，其原因大多是因為社會一般人士之間欠缺人格修養的緣故。如果一個國家確立了國民所應遵守的道德律，人人能秉持信仰以立於社會，那麼人格自然會養成，會提升，社會也就不會再有唯利是圖的歪風吹襲了。

第七章：算盤與權利

世人動不動就說：《論語》缺乏權利思想，還有人認為沒有權利思想的東西，就無法施行文明國的完整教育。我認為這些論者的主張，必然是謬見和錯想。

第八章：實業與士道

孔子曰：「富與貴，是人之所欲也。不以其道得之，不處也。貧與賤，是人之所惡也。不以其道得之，不去也。」這難道不適合武士道的精髓——正義、廉直、俠義等觀念嗎？

第九章：教育與情誼

現在的教育，學科太多，這也要學，那也要修，光為了要趕上這些科目的學習進度，就感覺時間不夠，那還有工夫去顧及人格、常識等方面的修養，這也是勢所必然的，太遺憾了。

第十章：成敗與命運

現在，很多人眼裏只有成功和失敗，而比這更重要的天地間的道理，他們卻看不見。他們對實質的東西視而不見，而把如糟粕一般的金錢財寶看得至關重要。其實，人應該要把「為人之道」牢記在心，進而真正履行自己的職責，以求心安理得。

—第一章—

處世與信條

世上之人，尤其是在青年時代，就存在著迴避競爭的卑屈根性，那這種人最終是無法求得進步，也不可能發達的。誰都知道，社會的發展有賴於競爭。因此，不躲避強力的對手而與之競爭，同時耐心等待時機的到來，是人生處世不可或缺的兩個必要條件。人以德對我，我也以德待人。畢竟人在這世上是要相互支持，所以大家相互不驕不侮，彼此相容忍讓，這是我的信條。

《論語》與算盤，遠在天邊，近在眼前

要使一件事物有進步，必定得依賴人們有一種強烈的欲望，充分的去謀利，才能成功。否則決難有所進展。

——澀澤榮一

如今談論道德，當以孔門弟子記載孔子言行的《論語》一書最為重要了。對這本書，大家只會讀，卻不知《論語》之中有算盤之理。從外表看起來，他們相隔甚遠、風馬牛不相及。但我始終認為，算盤可因《論語》打得更精，而《論語》也可藉由算盤來發揚真正致富之道。因此，可以說，《論語》與算盤兩者的關係是形疏實親。

我的友人在我七十歲的時候，作了一本畫冊送給我。裏面開頭一張畫著論語以及算盤，另一邊畫著一頂大禮帽及日本刀。一日，學者三島毅先生到寒舍造訪。他看到這張畫之後，甚感興趣的說：「我是研究《論語》的，而你是專攻算盤的，打算盤的人尚且知道如此充實的宣導《論語》與算盤的關係，那我這個讀《論語》的人，今後也應該好好研究算盤一番。希望能夠跟你一起，努力將《論語》與算盤的關係緊密的結合起來。」後來，他寫了一篇有關《論語》與算盤的文章，強調「道理、事實與利益三者一致」的論點，並在文中舉了不少例證來加以證明。

我經常認為，要使一件事物有進步，必定得依賴人們有一種強烈的欲望，充分的去謀利，才能成功。否則決難有所進展。如果國民只知沉湎於理想空談，且偏愛虛榮的話，是絕對無法發展真理的。所以，我等希望政界、軍界不要跋扈非為，而實業界則要力求發展，努力提高生產，增加物質財富，這才是促進國富的最好方法。若全然不顧及此，則國富難成。若問增進財富的根源何在？我想就是依據「仁義道德」了。只有依據正確的道理所累積的財富，才能完美、持久。因此，我認為《論語》與算盤兩者表面上雖不相關，卻可互相輔助使其一致，而這才是我們今天緊要的本務。

士魂商才

為人處世時，應該以武士精神為本。但僅有武士精神而無商才的話，經濟上則容易招致滅亡，故有士魂還必須有商才。

——澀澤榮一

曾子曰：「士不可以不弘毅，任重而道遠。仁以為己任，不亦重乎？死而後已，不亦遠乎？」

——《論語・泰伯》

從前，菅原道真①宣導和魂漢才，這很有意思。相對的，我常常提倡士魂商才②。所謂和魂漢才，是指日本人要以日本特有的大和魂為依據，但中國歷史悠久，文化優越，尤其有像孔子、孟子等聖人賢者，在政治、文學及其它方面都比日本發達，所以日本就必須學習漢土的文化、學術，以培養自己的才藝。

說到漢土的文化、學術，書籍很多，但以記載孔子言行的《論語》為中心。此外記述禹、湯、文、武、周公事蹟的《尚書》、《詩經》、《周禮》、《儀禮》等書，據傳全是孔子所編纂的，故所謂漢學，實乃孔子之學，是以孔子為中心的。

《論語》是記載孔子言行的書籍，據說是菅原道真最愛讀的一本書。相傳在應神天皇[3]時代，百濟的王仁所獻的《論語》和《千字文》，曾傳之於朝廷。菅原公用筆將它抄錄下來之後，呈獻給伊勢大廟[4]。這就是現在還保存著的菅原本《論語》。

「士魂商才」的意義也就是，為人處世時，應該以武士精神為本。但僅有武士精神而無商才的話，經濟上則容易招致滅亡，故有士魂還必須有商才。要培養士魂，書本上能夠借鑑的有很多，但我認為，還是《論語》最能培養武士的根底。

那商才又要怎麼培養呢？

商才也可以透過《論語》來培養。雖然從表面上看來，道德方面的書與商才沒有什麼直接的關係，但商才原本也是要以道德為根基的，偏離了道德的詐騙、浮華、輕佻等，只是賣弄小聰明而已，算不得是真正的商才。因此，商才不能離開道德，商才可由探究道德的《論語》來養成，也是不容置疑的。人生處世之道雖然十分艱難，但在你熟讀《論語》且細細品味過後，你就會有意想不到的好處。因此我一生都尊奉孔子的教導，將《論語》作為處世的金科玉律，片刻不離左右。

我國眾多的賢人豪傑中，善於作戰、又巧於處世的，當推德川家康[5]公。正因為他處世之道的巧妙，所以能威服四方英雄豪傑，開拓了十五代的幕府霸業，使人們在長達兩百多年的時間裏，過著高枕無憂的生活，實在是偉大。

因家康公處世之道的巧妙，所以有種種訓言遺留給後代。他的《神君遺訓》就告訴了我們許多處世的道理。我曾把《神君遺訓》與《論語》對照了一下，竟然發現兩者有很多相似之處，可見其大部分內容都出自《論語》。例如《遺訓》上說的「人之一生，如負重任，如行遠道。」就與《論語》中曾子所說的「士不可以不弘毅，任重而道遠。仁以為己任，不亦重乎？死而後已，不亦遠乎？」很相似。

此外，「責己莫責人」是從《論語》中「「己欲立而立人，己欲達而達人」這句話的意義而來。「不及勝於過」與孔子所謂的「過猶不及」相一致。「忍耐是長久平安的基石，怒為大敵」，也就是「克己復禮」的意思。「人當自知自量，如草葉之露，重則墜兮」，是說要安分守己。另外，「常思有所缺，則無不足；若心生期望，則當思量困窮之時」，又「估勝不估敗，害至其身」等說法，都能在《論語》中找到。由此可知，家康公巧妙的處世之道以及能夠開拓兩百多年的豐功偉業，大都是受益於《論語》。

世人認為，漢學之教，乃肯定禪讓討伐，故與日本國體不合，這是只知其一而不知其二。從孔子的「謂韶盡善矣，又盡美矣；謂武盡美矣，未盡善也」，就能明白。韶樂是稱讚堯舜的音樂，堯欣賞舜之德而讓位，因此歌頌堯舜的音樂是盡善盡美的。武樂是歌唱武王之事，縱然武王有德，但他發起革命，以武力獲得天下，所以評價武樂也未盡善。從這可以看出孔子是不希望革命的。其實凡是評論一個人，必須仔細考慮其所處的時代。孔子是周人，自然不能露骨的批評周朝的缺點，只能婉轉表示雖已盡美但未能盡善。

世人論孔子之學，務必要好好探究一下孔子的精神，如果不能以入木三分的敏銳的眼光來觀察，必有流於皮相之虞，不能真正明白其中的意義。所以我一再的主張人生處世，如果不想誤入歧途，首先要熟讀《論語》。

隨著現今社會的進步，歐美各國的新學說不斷傳入。其實，這些新東西在我看來，仍是古老的東西，跟東洋在數千年前所宣導的完全一樣，只是表達方式不同，更善於措詞罷了。雖然歐美諸國日新月異的新成就，值得我們去研究，但也不要忘了，在我們古來傳承下來的文化之中，也有不能拋棄的東西。

【注釋】

① 菅原道真（八四五年—九〇三年）：日本平安前期的文人和政治家。和魂漢才：指日本的固有精神和中國學問的結合。

② 在明治維新以前日本社會分為士、農、工、商四種階級，士級最尊貴，商人最低賤。

③ 應神天皇：生卒年不詳，為日本第十五代天皇。王仁，生卒年不詳，百濟人，應神天皇時由百濟到日本，向應神天皇進《論語》和《千字文》。

④ 伊勢大廟：亦稱伊勢神宮，是位於三重縣伊勢市的皇室宗廟。

⑤ 德川家康（一五四二年—一六一六年）：日本江戶幕府的開創者，德川第一代將軍。

天不罰人

人無論如何祈神求佛，只要做出不合理的事，不合自然的行為，則因果報應必然加在他身上，絕無僥倖。

——澀澤榮一

子曰：「**獲罪於天，無所禱也。**」孔子在這句話裏所講的天，究竟是指什麼呢？我想天就是天命的意思，孔夫子也是這麼認為的吧！

人生存活動於世間，一切都是天命。草木有草木的天命，鳥獸有鳥獸的天命。這種天命是上蒼巧妙安排的呈現。所以同樣生而為人，有人賣酒，有人賣餅。無論聖人也好，賢者也罷，都不得不服從天命，就像堯無法使其子丹朱繼承帝位，舜也未能讓太子商均君臨天下一樣。這都是天命使然，而非人力所能左右。又如草木終歸是草木，沒有辦法變成鳥獸；而鳥獸也終歸是鳥獸，絕不可能變成草木。這些都是天命。因此，人也必須順從天命行動才好，這是顯而易見的。

因此，孔子所謂「獲罪於天」，我認為是指人們無理的模仿或做出了不合乎自然的行為，結果必然給自身招來惡果。到了這時，縱想逃脫責任，但「自作孽、不可逭」，如此惡果乃是報應。這也就是「無所禱」的意思。

孔子在《論語・陽貨》中有言：「**天何言哉？四時行焉，百物生焉，天何言哉？**」孟子在《萬章》篇中也說：「**天不言，以行與事示之而已矣。**」也就是說如果世人因無理的模仿或不合大自然的行為而獲罪於天，天並不會採取什麼有形的方式來懲罰他，但會以其周身之事令其感到痛苦不堪。這就是所謂的「天譴」。人類想盡辦法避免天譴，但無論如何都躲不過。就像自然中四時運行，天地萬物生長一樣，這都是天命，人自然也不能例外。

因此，孔子在《中庸》的一開始就說道：「**天命之謂性。**」人無論如何祈神求佛，只要做出不合理的事，不合自然的行為，則因果報應必然加在他身上，絕無僥倖。因此，除非行自然之大道，不做任何不合理的事，問心無愧，方能產生像孔子所說「**天生德於予，桓魋其如予何**」時那樣相當的自信，由此獲得真正的安身立命之所。

觀察人物的方法

初次見面時，好好觀察判斷一個人，多半不會有錯。而經常見面之後，次數一多，由於種種考慮，反易導致不正確的判斷。

——澀澤榮一

子曰：「視其所以，觀其所由，察其所安。人焉廋哉？人焉廋哉？」

——《論語‧為政》

佐藤一齋[1]先生認為，根據初次見面時的第一印象來判斷一個人，是最正確、最不會發生差錯的人物觀察法。在其著作《言志錄》中，有這樣一句話：「初次見面時對人的觀察判斷，多半無誤。」正如一齋先生所說，初次見面時，好好觀察判斷一個人，多半不會有錯。而經常見面之後，次數一多，由於種種考慮，反易導致不正確的判斷。

初次見面時，對一個人並無成見，也不摻雜各種考慮和私情，這樣的觀察處在一個最佳的狀況。如果對方有所偽飾，那這種偽飾在初見之時，就會明明白白的映現在觀察者胸中的明鏡上而容易被覺察出來。但是，見面的次數一多，就容易被種種緣故或別人的反應或建議所困擾，以致考慮過多，反而造成判斷上的失誤。

孟子說過：「**存乎人者，莫良於眸子，眸子不能掩其惡。胸中正，則眸子了焉，胸中不正，則眸子眊焉。**」這是孟子一派的人物觀察法。也就是根據人的眼睛來鑑別一個人的好壞。心地不正的人，其眼神陰暗不明；心地正的人，其眼神清澈而明亮。用這種方法來判斷一個人，也是相當準確的。只要仔細觀察一個人的眼睛，大抵就能判斷這個人的善惡正邪。

《論語》上有：「**子曰：『視其所以，觀其所由，察其所安，人焉廋哉！』**」（《論語・為政》）佐藤一齋先生的以第一印象看人觀察法和孟子的觀人眼神觀察法，都是簡易、快速識別他人的方法，能夠大體上正確的判斷一個人而不致有太大的失誤。但要真正的瞭解一個人，上面所說的兩種簡易、快速的方法尚嫌不足。必須根據上面所舉的《論語・為政》上的話，從視、觀、察三個方面來識別一個人，此乃孔夫子之遺訓。

視和觀，都屬於看。不過，視是單憑肉眼看其外形，而觀則更進一步，不僅看外表，還要看其內在，不僅要用肉眼看，還要用心去看。也就是說，孔子在《論語》中所教導的人物觀察法，首先是看一個人表現在外的行為，以此來判斷其善惡正邪，進而由此觀察他的行為動機，然後再進一步觀察他的安心所在，生活追求是什麼？這樣，必能明瞭此人的真實人品，即使他想隱藏也隱藏不了。

其實，無論一個人外部的行為表現如何正直，假如其心術不正，就絕不能說他是一個正直的人。

因為他只是暫時不敢為惡罷了。又假如一個人所呈現的行為端正，心術也純正，但如果其追求的只是飽食暖衣逸居，那他則容易陷入誘惑之中而意外的做出壞事。所以，行為、動機和追求三者不能全部端正，就很難說這個人完完全全、自始至終是一個正直的人。

【注釋】

①佐藤一齋（一七七二年－一八五九年）：日本江戶後期的儒學家。作為昌平阪學所的教官深受人尊敬，培養了渡邊華山、佐久間象山等著名門人。

《論語》是大家共同的實用箴言

高官顯爵並不那麼尊貴，值得我們獻身努力的偉大事業到處都有，並不是只有為官才尊貴。

——澀澤榮一

子曰：「篤信好學，守死善道。危邦不入，亂邦不居。天下有道則見，無道則隱。邦有道，貧且賤焉，恥也；邦無道，富且貴焉，恥也。」

——《論語・泰伯》

明治六年（一八七三年），我辭去官職踏入多年來一直嚮往的實業界。從此，我就與《論語》結下了不解之緣。當時，在我剛剛成為商人的時候，心中突然感到，從今往後，自己怕是必須以錙銖必較的方式來處世了，那我應當秉持什麼樣的心志呢？我想起了以前所讀過的《論語》。《論語》所講的是有關日常修身待人的普通道理，是優點最多的處世箴言。難道我們不能用《論語》的教誨來經商嗎？我覺得，如果用《論語》的教訓來進行商業活動，必可鴻圖大展。

當時，有位叫做玉乃世履的岩國[①]人，此人後來曾擔任過大審院長之職，他的書法、文筆都不凡，為人處世也極認真熱忱。在官員中，玉乃和我被認為還算是循吏（認真、守法、熱心治民的官吏）。在官場上，我倆關係非常親密，同時被受封為敕任官（明治憲法下，由天皇親自敕命的高等官吏）。兩人都為日後能成為國務大臣而一同努力著。如今他突然聽到我要辭官從商時，痛惜不已，說一定要勸阻我。

當時，我是井上[2]先生的次官。井上先生因官制問題與內閣意見不合，最後怒不可遏的退出了政界。我這個次官也和井上一同辭職了。因此，我被認為也是與內閣發生爭執而辭職的。

當然，我和井上先生一樣，與內閣有意見不合之處，但我的辭職，並不是由於爭吵，而是另有別的原因。我辭職的原因是這樣的：我認為，當時日本無論在政治上，還是教育上，都有改革的必要，但最為不振的是商業。商業不振，就不能增進國家財富。因此，在其他方面謀求改善的同時，也必須大力振興商業。日本社會直至當時都認為，經商不需要學問，有了學問，反而會受到妨害。所謂「經商賺來的錢，傳不過第三代。」人們認為第三代是最危險的一代。

因此，我便決定要做一名商人，且靠學問來經商謀利。當時我的這種想法，對於我的友人來說是不能理解的。他們誤以為我的辭職是緣於和內閣的爭執，故對我嚴加責備。玉乃忠告我說：你不久就能成為長官，成為大臣，我們應共同為國家效力才對，而你卻被骯髒的金錢弄得眼花撩亂，竟然棄官從商，實在是愚蠢至極，想不到你是那一種人啊！」

當時，我向玉乃大力辯駁，最終說服了他。我用《論語》作為例證，引用了趙普[3]以半部《論語》

為相治國，半部《論語》修養其身的故事。我將貫徹始終，奉論語為一生的信條。再說，處理金錢的事何以就是卑賤？如果人人都像你這樣看輕金錢的話，國家何以立？高官顯爵並不那麼尊貴，值得我們獻身努力的偉大事業到處都有，並不是只有為官才尊貴。就這樣，我從《論語》中引用了許多話來予以辯駁，這才說服了他。我認為《論語》是完美無缺的真理寶庫，故決心用論語做為我的信條，以其教誨為標準來從事商業活動。這是明治六年（一八七三年）五月間的事。

從此以後，我就仔細的研讀《論語》。我曾聽過中村敬宇[4]和信夫恕軒先生的課，但兩位老師都很忙，終不能讀完。最近我又向大學教授宇野[5]老師請教。

宇野老師的課主要是為孩子們開的，但我也一起參加。我提出各種問題，對一些解釋也提出我的意見，因此相當有趣，同時也獲益不少。宇野先生是一章一章的講授，讓大家共同思考，待大家都真正明白之後再往下講，所以進度雖慢，但大家都能徹底理解，孩子們也覺得其樂無窮。

至今為止，我已跟從五位先生研讀過《論語》了。由於不是在學問上探討，所以有時尚未能理解其深意。例如，《泰伯第八》中的「**邦有道，貧且賤焉，恥也；邦無道，富且貴焉，恥也**」這句話，直到今天，我才知道它所包含的深刻意義。

我近來特別勤加研讀《論語》，因此領悟頗多。其實，《論語》並沒有深奧難懂的學理，不是那種必須靠學者的解讀才能懂的深奧著作。《論語》原是為眾生所寫，是淺顯易懂的，卻被後來的學者們弄得玄妙難懂。結果使農工商階層之人以為《論語》與自己無關，對它敬而遠之。這是多大的錯誤。這樣的學者，就像是不講理的頑固的守門人，對孔夫子來說，是一種阻礙。想要透過這樣的守門人去見孔子，那是見不到的。其實，孔子並非愛刁難之人，他是一位格外通情達理的先知。不管是商人，還是農民，任何人他都願加以教導。孔夫子的教誨，是極實用且通俗的。

【注釋】

①岩國：今山口縣東部的一個市。

②井上：指井上馨（一八三五年—一九一五年），日本著名政治家，開國論者。次官：日本內閣各部官員，相當於副部級官職。

③趙普曾說：「吾以半部《論語》相太祖，以半部相今皇。凡治世民安，皆讀《論語》之功也。」（另有一說：《宋史・趙普傳》無此語，明袁了凡等《綱鑑合編》文字略有不同，為普嘗對太宗說，臣有《論語》一部，以半部佐太祖定天下，以半部佐陛下致太平。）

④中村敬宇（一八三二年—一八九一年）：敬宇其號，名為正直，日本洋學者，教育家。

⑤宇野：指宇野哲人（一八七五年—一九七四年），文學博士，中國古代哲學研究家，曾任東京大學教授，東方學會理事長。

等待時機的訣竅

不躲避強力的對手而與之競爭，同時耐心等待時機的到來，是人生處世不可或缺的兩個必要條件。

——澀澤榮一

世上之人，尤其是在青年時代，就存在著迴避競爭的卑屈根性，那這種人最終是無法求得進步，也不可能發達的。誰都知道，社會的發展有賴於競爭。因此，不躲避強力的對手而與之競爭，同時耐心等待時機的到來，是人生處世不可或缺的兩個必要條件。

我到現在，在面對競爭時仍是絕不迴避，勇敢的去爭取。不過，以我半生以上的長期經驗，我稍微領悟到，人生在世，種瓜得瓜，種豆得豆，當某一件事情已經有因，而將產生某種結果時，突然節外生枝，轉變因果之勢，接著任你怎麼去爭取，在一定時機到來之前，以人力終究無法扭轉其形勢。

所以，人生處世要能夠觀察形勢，耐心等待時機的到來，這點務必切記在心。但如有人硬要歪曲正理，則必須挺身與他力爭到底。所以，我想敦勸青年子弟們，一面要積極爭取，一面要耐心等待時機的到來，不能急躁。

我對日本今日的現況，並不是沒有想要改變的念頭。我認為今天的日本最令人遺憾的還不僅僅是官尊民卑而已。為官者無論做出多麼不妥當的事，結果大都不了了之。雖然偶爾因社會上非議太甚而移送法辦或免職處分的也有，但與為官者犯案數相比，只不過是九牛一毛，滄海一粟而已。總之，為官者的為非作惡只要不超過一定程度，是被默許的，這樣說並不過分。

反之，百姓一旦有絲毫惡劣的行為，就馬上有身陷縲絏之憂。凡是為非作歹的人都應該受到懲罰，上官下民理應一視同仁，而今天日本的情形卻是，在裁奪上依據官民身份的不同有著寬嚴的差別。

此外，無論百姓對國家、社會有多大的貢獻，其功勞也不易被政府所承認。而為官者只要一有寸功，就會立即被政府承認，並加以恩賞。這些情形，都是我想據理力爭，希望能夠改變的。但不管我如何積極爭取，時機未到之前恐怕我沒有辦法改變形勢。因此，目前我所能做的，也只是發出不平之鳴，等待時機的到來。

人人平等

人與人之間必須平等，務求有節、有禮的平等。人以德對我，我也以德待人。畢竟人在這世上是要相互支持，所以大家相互不驕不侮，彼此相容忍讓，這是我的信條。

——澀澤榮一

或曰：「以德報怨，何如？」
子曰：「何以報德？以直報怨，以德報德。」

——《論語．憲問》

用人的人常說要考察部屬的才能，量才適用，以做到人得其位，位得其人。可是，這是一件對誰來說，都覺得十分困難的事。更進一步說，雖然有心要做到使人才適得其所，但在安置人才的時候，往往會牽涉到私心和權謀。如要擴張自己的權勢，一定要將合適的人安排在適當的職位上，這樣才能一步步，一段段的逐漸扶植起自己的勢力，鞏固自己的地位。如此這般，有朝一日終可形成一派的權勢，無論在政界、實業界還是社會上任何一個團體，都能施展其霸主的威風。但此種做法，絕非是我想效法的。

通覽我國歷史，德川家康對人才的巧妙安排以擴張其權勢的技巧，還沒有人能夠與之相比。他為了加強居城江戶的警備，在箱根設立關卡；用大久保①相模守來把守小田原，以控制箱根之關隘；以水戶家抑東國之門戶，以尾川家扼守東海要衝，以紀州家守衛畿內的後方（德川御三家，是指尾張德川家、紀伊德川家和水戶德川家。這三家和後來的御三卿相同，都是作為德川幕府將軍繼承人之列選），最後又將井伊掃部頭②安置在彥根，以便壓制平安王城③等。他將眾多人物這樣配備，的確是高明無比。

此外，諸如越後④的榊原、會津⑤的保科、出羽⑥的酒井、伊賀⑦的藤堂，乃至日本國內所有要衝都配置了重臣心腹去把守，更不用說中國⑧、九州⑨了。如此一來，所有諸侯的手腳都被束縛得動彈不得，而德川三百年的霸業也就如此巧妙的建立起來了。我無意評論這種家康方式的霸道，是否適合我國的國體。但無論如何，他將適才配於適所的手段，在我國歷史上是沒有一個人能夠與家康匹敵的。

在對人才和位置作適合的配置上，我很想仿效家康的智慧，也不斷的用心思考如何向他學習。當然在目的上，我卻無意模仿家康。我澀澤無論什麼時候都是用我的真心來對待與我共處的人。我從來沒有想過，要利用這些工夫來構建自己的勢力。我的夙願只是想使人才能夠適得其所而已。

如果人才能夠適得其所，在合適的崗位上，做出一些成績的話，這是他們對國家社會的貢獻之道，也是我澀澤對國家社會貢獻的途徑。我就是根據這個信念來待人處世的。如果以權謀污辱他人，或將他人視為自己的囊中之物而加以利用，那樣有罪的事情我是絕對不做的。

我認為每個人活動的天地都應該是自由的。如感到跟澀澤共事，舞臺太狹小的話那就可以立即離開，自由自在的去開拓自己海闊天空的大舞台，我也衷心希望人們能發揮特長。只因為我有一技之長，有人自願屈就為我做事，但我從沒有看輕他們。他們只是不及我一技罷了。人與人之間必須平等，務求有節、有禮的平等。人以德對我，我也以德待人。畢竟人在這世上是要相互支持，所以大家相互不驕不侮，彼此相容忍讓，這是我的信條。

【注釋】

①大久保：指大久保忠教（一五六〇年—一六三九年），日本江戶前期幕府的臣下，通稱彥左衛門。相模守：相模，舊國（江戶時代以前日本的行政區劃名，由幾個郡組成，大者相當於現在的縣。以下皆同）名，今神奈縣的大部。相模守，即相模國的長官。小田原：今神奈縣西南部的一個市。

②井伊掃部頭：井伊，指井伊直弼（一八一五年—一八六〇年），日本江戶末期的政治家，彥根藩主，幕府最高執政官。掃部頭（平安時代省管轄的官廳，屬宮內省，司管宮內的鋪設，清掃等事）長官。彥根：位於滋賀縣琵琶湖東岸中部的一個市，舊為井伊氏的城邑。

③平安王城：即平安京，從桓武天皇延曆十三年（七九四年）到明治元年（一八六八年）之間的都城，現為京都市的中心部分。

④越後：舊國名，今新瀉縣。榊原，指榊原康政（一五四八年—一六〇六年），日本女主桃山時代至江戶初期的武將，德川氏的創業功臣，四天王之一。

⑤會津：現為福島縣西部的一個地名。保科，指保科正之（一六一一年—一六七二年），日本江戶前期的諸侯，會津藩之主。

⑥出羽：舊國名，今山形、秋田兩縣。酒井，指酒井忠次（一五二七年—一五九六年），日本安土桃山時代的武將，德川氏的創業功臣，四大天王之一。

⑦伊賀：舊國名，今三重縣的西部。藤堂，即藤堂高虎（一五五六年—一六三〇年），日本安土桃山時代的武將，江戶時代的藩主。

⑧中國：指日本國本州西部地區。行政上包括岡山、廣島、山口、島根、鳥取五縣。

⑨九州：今福岡、佐賀、長崎、熊本、大分、宮崎、鹿兒島七縣的總稱。

爭與不爭

一個人如果缺乏謹慎的態度，就會漫不經心、粗心大意，做起事來輕佻急躁。最終，奮發精神也就鈍化了。

——澀澤榮一

子曰：「君子矜而不爭，群而不黨。」

——《論語・衛靈公》

世上有人反對與人相爭，他們認為無論在什麼情況下，爭總是不好。更有甚者說：「若有人打你的右臉，你就把左臉也送上。」那與人相爭對處世為人究竟是有利，還是無利呢？這種問題，答案是因人而異的，既有人認為不能排斥與人相爭，也有人認為那是要絕對排斥的。

我個人認為，與人相爭不僅不應該絕對加以排斥，而且在為人處世上還是非常必要的。我也聽到有人批評我做人過於圓滑，其實我雖能避免無謂的鬥爭，但也不是把絕對避開爭執作為處世的唯一方針。

《孟子・告子下》中說：「無敵國外患者，國恆亡。」誠然，一個國家要想健全發展，則無論在工商業、學術、科技還是外交等領域，都必須常常保持與外國競爭且抱非勝不可的信念。其實，不僅僅是國家，個人處世也一樣。一個人如果沒有經常保持與周圍的敵人競爭且抱有非勝不可的鬥志，那他是絕不會有所進步發展的。

輔導後進的前輩，一般說來，可以分為兩種人。一種是，無論如何對後進都極溫和親切，絕不責備或苛求，無微不至的鼓勵、提攜後進，絕對不以後進為敵。無論後進有什麼缺點或失誤，他們都與後進站在同一陣線，心平氣和的去引導，自始至終盡心盡力的庇護後進成長。當然，後進對這種前輩是非常信賴的，像對慈母一樣的敬愛這種前輩。但是，如此對待後進，對後進果真有利嗎？我想這值得商榷。

另一種前輩則正好與此相反，他們視後進如敵人，專找後進的麻煩，並以此為樂。後進稍有差失，他們就大發雷霆，嚴加申斥，將後進罵得體無完膚；一有失策，則將其打入冷宮，對後進極其苛刻。態度如此嚴酷的前輩，往往會遭來後進的怨恨，在後進中當然非常不受歡迎。但是，這樣的前輩對後進果真沒有益處嗎？這一點，請青年子弟們好好思考一下。

無論後進有什麼缺點，即便是失誤，也始終給予庇護的前輩，其心地之親切與誠懇，當然是難能可貴，令人感激的。但是，如果只有這樣的前輩，那後進的奮發精神必定會受到影響。假使失策也能得寬恕，那有的人就會產生這樣的心理，認為無論什麼失誤都沒關係，前輩總會解救我的。這樣，後進不必擔心做錯，缺乏謹慎的態度，就會漫不經心、粗心大意，做起事來輕佻急躁。最終，後進的奮發精神也就鈍化了。

相反的，如果在稍有過失便大聲苛責，專找後進麻煩的前輩下面工作，其下的後進一點也不敢掉以輕心，一舉一動都非常謹慎，惟恐留下把柄，因而自然注重品行，不敢有絲毫的怠惰。這樣嚴厲的態度，能使後進加強自我約束，使他養成更確實、更穩健的工作態度。而且，如果你遇到的是那種專以找後進麻煩為樂的前輩，他不但會指責你的缺點、錯誤，甚至還會牽連到你的親人，連像「自你老爸以來就沒好種」那樣的話也會大罵出口。在這樣的前輩下面工作，後進的失敗、錯誤，不單是他自己無顏立足，就連父母也要受辱，故而後進們怎會隨隨便便而不努力奮發呢？

大丈夫的試金石

人世間的事因自動自發而有所成者居多，如果自己奮力想做一些事情，大概都能如願以償。

——澀澤榮一

王孫賈問曰：「『與其媚於奧，寧媚於灶』，何謂也？」

子曰：「不然，獲罪於天，無所禱也。」

——《論語・八佾》

什麼才是真正的逆境呢？

在此，我想引用實例來加以說明。大抵這世上平常應該保持平和順利，但就像水上有波，空中有風一樣，平靜如水的國家、社會有時也會發生革命或變亂。如果把這與平靜無漪的時代相比，那顯然應該算是逆境。人生如逢此變動時代，無奈的捲入漩渦之中成為不幸者，這就是真正的逆境了嗎？就此定義的話，那我也是從逆境中過來的一個。

我出生在明治[1]維新前後，正是日本社會最動盪不安的時代，後來又遭遇了種種變革而一直到了今天。回顧起來，維新時代正值社會變化，無論是才能出眾者，還是勤奮上進之人，也許你會意外的橫遭災禍，或是突然時來運轉，都未可知。

最初，我因主張尊王討幕[2]，攘夷鎖港[3]而東奔西走。不久後卻成為一橋家[4]的家臣，變成幕府[5]的臣下。後來又隨從德川大將軍之弟昭武公子去到法國。回日本之後，幕府已經垮臺，變成王政[6]。在此變動期間，可能是由於我的才能不夠，我自認已盡一己之力去奮鬥，不會有什麼不足之處。然而，面對整個社會的變遷和政治體制的革新來說，無論我如何努力也無能為力，就這樣陷入了逆境。

當時在逆境中所遭遇的種種困苦，如今想來猶歷歷在目。那時歷盡艱難的不只我一人，很多人都與我有著同樣的境遇。畢竟在社會發生大變亂的時期，這是難以避免的。不過，大波瀾雖不常有，但隨著時代的推移，人生中的小波瀾是難免的。人世間不可能完全沒有逆境。只是，人在處於逆境的時候，要好好研探其由來，看看它是人為的，還是自然的逆境，然後再研擬相應的對策。

自然的逆境是大丈夫的試金石。身處逆境的時候，我們又該怎麼應對呢？凡人如我，在這一方面並沒有什麼祕訣可言。我想，只怕也沒有人知道這種祕訣吧。然而依我當時身處逆境時得到的經驗，加上道理上的思考，我想，無論什麼人，在面對自然的逆境時，首先他應該覺悟這是自己的本份（即認命），這是唯一的對策。

人要知足本份。

逆境雖然難處，但無論你如何焦慮，也只是無可奈何。所以，如果你認為這是天命的話，那無論多麼艱難，你也能心平氣和了。相反的，如果將這種逆境都解釋成人為的，認為能夠用人力將它挽回。那就可能徒增苦惱，徒勞無功，最終反為逆境所累，再也無心探究將來的對策了。

因此，當人身處自然的逆境時，最好是先安於天命，慢慢等待運命的到來，並以不屈不撓的精神勤奮上進，才是上策。反之，如果陷入的是人為的逆境時，那又應該怎麼辦呢？因這種逆境大多數是由自己造成的，所以除了好好的自我反省，切實改正過失之外，別無他途可循。

其實，人世間的事因自動自發而有所成者居多，如果自己奮力想做一些事情，大概都能如願以償。然而，許多人自己不積極的去開拓幸福的命運，反而自找麻煩，陷入困窘的逆境。如果你這樣做，要想身處順境，過著幸福的生活，恐怕是不可能的。

【注釋】

①明治：日本年號，西元一八六八年—一九一二年。明治維新：指日本近代透過一連串的政治改革形成統一國家的過程，主要經歷了慶應三年（一八六七年）十月德川慶喜將軍的大政奉還、同年明治天皇的王政復古宣言和慶應四年（一八六八年）江戶幕府的垮臺，成立明治新政府。從形式上看是政權從德川氏向朝廷的轉移，而實質上則是從封建制向資本主義制的轉移，奠定了日本近代的基礎。

②尊王討幕：日本明治維新前，主張擁護皇室、討伐幕府的政治思想。

③攘夷鎖港：日本明治維新前，主張排拒西方、閉關鎖國的政治思想。

④一橋家：德川氏的分家，三卿（田安家、一橋家、清水家）之一。

⑤幕府：原指將軍軍旅之時，在幕中議事的處所。此為江戶幕府將軍的異稱。

⑥王政：日本明治維新時，廢除武家政治後所採取的君主政體。

蟹穴主義

有的人過分相信自己的能力，進而產生非份之想。他們只知勇往直前，而不知守本分，一味的猛進往往導致失敗。

——澀澤榮一

入公門，鞠躬如也，如不容。立不中門，行不履閾。過位，色勃如也，足躩如也，其言似不足者。攝齊升堂，鞠躬如也，屏氣似不息者。出，降一等，逞顏色，怡怡如也。沒階，趨進，翼如也。復其位，踧踖如也。

——《論語・鄉黨》

我的處世方針，一直到今天，始終都是以忠恕的思想為原則。古往今來，宗教家、道德家中，碩學鴻儒輩出，他們傳道立法，最終都是以修身之道為本。

修身之道，複雜說來，不容易明白，但簡單說來，就是指身邊的一些事，像舉筷時的一舉一動都蘊含其中。本此意旨，我待人接物皆以誠意為本。孔子有這樣一段話：「**入公門，鞠躬如也，如不**

容。立不中門，行不履閾。過位，色勃如也，足躩如也，其言似不足者。攝齊升堂，鞠躬如也，屏氣似不息者。出，降一等，逞顏色，怡怡如也。沒階，趨進，翼如也。復其位，踧踖如也。」這些都是有關為人處世、做事修身之道。此外，關於享禮、聘招、衣飾、起居之事，孔子也有諄諄的教導，乃至飲食方面也有這樣的教誨：「**食不厭精，膾不厭細。食饐而餲，魚餒而肉敗，不食。色惡，不食。臭惡，不食。失飪，不食。不時，不食。割不正，不食。不得其醬，不食。**」這些都是極淺近的例子，但道德與倫理就恰恰包含在這些事物中。

如果能夠注意自己的一舉一動，其次便要做到認識自己。有的人過分相信自己的能力，進而產生非份之想。他們只知勇往直前，而不知守本分，一味的猛進往往導致失敗。螃蟹挖的穴一定按照自己外殼的尺寸，不大不小。我也是秉持安分量力的這種態度，始終固守我澀澤的本分。約在十年前，有人遊說我出任財政大臣，也有人要我擔任日本銀行總裁一職。但既然我在明治六年（一八七三年）就在實業界挖掘我的洞穴了，現在，絕不能再從這個洞中出來，所以堅拒了他們的好意。

孔子說：「**進吾進也，止吾止也，退吾退也。**」實際上，人的出入進退十分重要。但是，如果為求安於本分，而忘卻進取的氣魄，那就會一無所成。另一方面，抱著業不成至死不還，或但求大功不計小過，還或者所謂男子漢大丈夫，一旦下決心，便義無反顧、孤注一擲去完成等等，也並不是讓人忘卻自己的本分。

孔子所謂「從心所欲不逾矩」，就是說最好在安於本分的情況下進取。

其次，青年人最應注意的是喜怒哀樂。其實，不僅是青年，大凡人在處世方面犯錯，主要原因都是由於不能控制七情的發作。孔子所說的：「關雎，樂而不淫，哀而不傷」，就教誨我們要調節喜怒哀樂。我輩有時也會飲酒取樂，但要以不淫不傷為限。總的說來，我的主義就是誠心誠意，對任何事物一概以誠待之。

得意之時與失意之時

人生在世當留心，得意之時不可鬆懈，失意之時不可氣餒，保持一顆平常心，按照常理去為人處世，走完人生之路，才是最重要的。

——澀澤榮一

大凡人的災禍多萌生於得意時期，因為得意之時，誰都有忘形的傾向，而禍害就趁機由此缺口侵入。所以人生在世當留心，得意之時不可鬆懈，失意之時不可氣餒，保持一顆平常心，按照常理去為人處世，走完人生之路，才是最重要的。與此同時，對於大小事物，也應一一加以考慮才好。然而，大多數的人在得意時，其思想就全然相反，像所說的「小事一樁」那樣，對小事抱有輕蔑，不在意的態度。所以千萬要記住，不管是得意之時還是失意之時，如果不能對大、小事都以細密的作風處之，就容易陷入意想不到的過失。切記！切記！

不管是誰，都會有面臨大事的時候，在不知如何處理才好的情況下，自會精神貫注、思慮周密，但在對待小事上，則完全不把它當一回事，這是社會上的一種常態。雖然不要過於拘泥於小事，如舉筷之間亦勞心勞神，徒然耗費有限的精神，那是無論如何都沒有如此用心的必要。當然也有些大事，我們不用怎麼費心就能完成。所以說事情固有大小之分，但不能僅從表面上觀察，輕率的加以判斷。

有小事反成大事，亦有大事意外化作小事的情況。所以，凡事不分大小，事先要充分考慮其性質，而後再採取相應的措施，這樣的心態或許較為妥當。

那麼，一旦遇到大事要處理時，應當如何去做才好呢？首先要考慮到我們能不能把這件大事處理好。在這一點上，會由於每個人的思想不同而有所區別。有人將自己的得失放在一邊，一心一意只考慮最好的處理方法，或者說有人願意犧牲一切，只求把事情做好；而有人則要優先考慮自己的得失，完全不顧社會的一切。總之，人心不同，各如其面，所以答案也不會相同。

若問我如何考慮，我首先考慮的是，事情要如何做才算合乎道理。接著考慮用這種合乎道理的方法去做，對國家和社會是否有利。然後再想想，這樣做對自己有沒有好處。如此思考之後，雖自己無利可圖，但它既合乎道理，又對國家和社會有利的話，我會斷然捨棄小我，遵循道理行事。如此考查探究是非得失，有理無理，然後才著手去做，這才適宜。

但是，在思考這一點上，必須細緻周密。不能一看合乎道理就去遵循，或認為有違公益就迅速放棄。有些事看起來似乎合理，但也應該再從各個角度加以觀察思考，看看有沒有什麼不合理的地方。同樣的，有些事表面看來，好像是違反公益的，但日後會對社會有利，也未可知。凡此種種，只有靠慎重的考慮才能看出。

一言以蔽之，倉促判斷事物的是非曲直、有理無理是不可取的。萬一處置失當，那一片苦心將全部泡湯。對於小事，人們往往不假思索隨意決定，這非常不妥。既稱為小事，表面看來自然微不足道，很容易被大家輕視。但是，就是這些不足掛齒的小事，日積月累，終有一天也會變成大事，這點務必牢記在心。

當然，有些小事是轉眼即逝的，但有些小事卻是大事的端倪。原以為是芝麻小事，不意卻在日後惹出大的問題來。有人以細微之事漸次作惡，最終變成壞人；也有人由小善做起，最後變成一個大好人。有些最初以為只是雞毛蒜皮的小事，一步步演進，結果釀成大弊端；而有些小事最終帶來一身一家之幸福。這都是積小成大使然。

對人不親切或我行我素，也是由小而大，逐漸演變的。日積月累，政治家會使政治腐敗，實業家會使業績不振，教育家會誤人子弟。所以，小事未必就真的小。社會中無所謂大小事之分，要把事情分大小，重此輕彼，在我看來，究竟不是君子之道。所以，凡事不分大小，均應以相同的態度去思考，去處理。

另外，我還想補充一句，人千萬不可得意忘形。古人云：「名成窮苦日；事敗得意時」，誠為真理。因為人在處於困難之中時，會用擔當大事那樣慎重的態度來對待，故大多可成名。在社會上被認為是成功的人，一定都有「咬緊關牙，渡過難關」或「超拔苦痛」那樣的經歷。這就是遇到困難時，全力以赴的證據。而失敗的先兆，往往見諸於得意之時。因為人在得意的時候，都會忽略小事，有一種天下何事不能成的氣概，無論何事均自始即藐視之，這樣往往因小失大，導致不可挽救的失敗。這與積小成大是同樣的道理。

因此，人在得意的時候不要忘形，無論大小事，均應充分予以思考才對。水戶黃門①光國公壁書上寫的「小事皆通達，臨大而不驚」，誠為至理名言。

【注釋】

①水戶黃門，德川光國的異稱。黃門，即日本官職中的中納言（太政官的次官，決於大納言，參與政務機密），因與中國唐代官職黃門侍郎相似，故借用。光國公，即德川光國（一六二八年—一七〇〇年），日本江戶前期的水戶（三藩之一）藩主，務民事，重儒學。曾著手《大日本史》的編纂，奠定了水戶學的基礎。

—第二章—

立志與學問

除天生為聖人者，我等凡人在立志的時候，往往會遭遇各種困惑。或者是被當前社會風潮所鼓動，或者是受到周圍事情的影響，使許多人不考慮自己的能力，貿然向自己本領以外的領域邁進。這不能說是真正的立志者。尤其在如今這個秩序井然的社會，一旦立志，再想轉變方向，是非常不利的，故立志之初，必須慎重考慮。也就是說要頭腦冷靜，詳細比較分析自己的長處及短處，最後選擇自己最擅長的方面立下志向。同時有必要深入考慮自己的境遇，看它能否成全你的志向。

預防精神衰老的方法

只要經常不斷的探討學問，不落時代之後，其精神當永無老化之理。

——澀澤榮一

曾以教授身份由美來日的梅比博士，在期滿歸國之前，跟我作了一席很坦誠的對話，其中有些評語如下。他說：「因為我是首次來日本，所以凡事都感到新奇。最令我感到欽佩的是，貴國上上下下都非常勤奮，怠惰者非常少，好像人人都懷抱著希望，愉快的工作著，所謂懷抱著希望，就是充滿著不達目的誓不甘休那種敢做敢當的氣魄與心胸。國民都有一種奮發圖強的精神，這是日本好的一面。可是我不想只說好的，而不批評壞的一面，所以我想不客氣的跟你說說我的看法。也許是因為我所接觸的都是官方、公司以及學校，所以這些機關才特別引起我的注意也未可知。我覺得他們都有一種過於重視形式的弊端，把形式看得比事實還重要。可能因為美國是最不講究形式的國家，所以這方面在我看來，就顯得特別突出。難道你們自己對這種過於重視形式的弊病沒有一點自覺嗎？如果這是全體國民性的話，那就必須特別加以注意了。

此外，無論哪個國家，都不應全體流傳著同樣的主張。有人說左，也要有人說右；有進步黨，也要有保守黨。即使是同一個政黨，有時也會出現意見相左的情況。這如果在歐洲或美國，意見不同之爭論是相當自然且高尚的。但在日本則不然，爭論既不自然，也不高尚。講難聽些，就是頑固且粗鄙。在日本，經常可以見到對一些無關緊要的事而惡言相向，鬧得不可開交。也說不定是我觀察的時機不對，但在政界這種現象就隨處可見。」

對此，梅比解釋說：「日本的封建制度持續了很長的一段時間，連小小的藩與藩之間也彼此對立。右國強大了，左國就想打倒他；左國繁榮了，右國則加以攻擊。」久而久之，就形成一種習慣性。

他雖然言盡於此，但他指的是元龜[1]、天正以後的情況，那時天下衍成諸侯三百的局面，擁兵自重，各據一方，這種積弊就深深遺留了下來。這種弊端日益累積，雖然日本國民並非缺乏溫和的品性，終演變成黨派間越演越烈的傾軋。

我也認為封建制度的確有此流弊。就近的例子而論，水戶等地雖然是大人物輩出之藩，但卻因此產生傾軋而陷於衰微。如果沒有藤田東湖[2]，戶田銀次郎或會澤恆藏[3]等人，也沒有藩主烈公[4]這般偉人，或許就不會有紛爭而終至衰微吧。對梅比博士的話，我很注意的加以傾聽。

接著，又談及我國國民的感情強烈問題。他對此也不太讚賞。他說，日本人對很細微的事，也容易突然激動起來，但也會很快忘掉。也就是說，日本人感情激烈又健忘，這與自誇為一等國或大國民的性格，是很不相稱的。希望日本人加強修養，以期有忍耐之心。

梅比進一步對日本國體發表看法，他說日本人那種忠君愛國的深厚精神，是美國人等無法夢想得到的，令他欽羨又敬佩。這在其他國家是很難看到的。雖然梅比在來日之前，曾有所聞，但實地觀察之後，更使他欽佩之至。話雖如此，他認為還要不客氣的說一句，日本如永遠持續這種國體，將來勢必要盡量避免君權干預民政才好。

對梅比的說法，我不願直評，至於那些抽象的評語，也不應一概駁斥。我向他表達了承蒙坦誠賜教的敬意。此外還談到了其他的一些問題。最後，他對滯日半年所受的禮遇表示感謝，所以率直的述說了半年間的所思所想。尤其是學校的學生與其他人對他親切有加，令他欣喜不已。

美國的一名學者在觀察日本後所說的一番話，儘管不會使我國大獲其益，但外國人那些公正的批評還是可以引以為鏡的，我們應密切加以注意，務求發展我們國民的襟懷，並根據他的批評一步一步去反省。相反的，如批評加在自身卻不自覺，一而再，再而三的被人批評而不知道反省改進，人家自然就不再願意與我們交往了。

所以不可看輕一個人的評語，就如司馬溫公的警言說：「君子之道自不妄言始。」無意的口出妄言，也就不會受人尊敬，被人視為君子了。正如一次的行為會決定一生的毀譽，一個外國人的感想也牽涉到一國的形象與名譽。梅比氏帶著如此的感想回國，雖不是什麼大事，但我們也不應把它當作小事比較好！

由於平素大家刻苦耐勞，精益求精，才創造了日本今天這樣昌隆的國運。如欲更上一層樓，我還想說一句。近來，大家張口青年、閉口青年，談論青年的非常多。青年很重要，不能不加以注意，這個我同意。但從我的立場來說，青年固然重要，老年也不能漠視。過於重視青年人而忽略老年人是種錯誤的觀念。

我曾在某次會上說過，希望自己能夠成為一個文明的老人。但我究竟是文明的老人，還是野蠻的老人，關於世人對我的評價如何，我自己是不得而知的。很可能我自認為是個文明的老人，但從諸位看來，也許我是一位野蠻的老人也說不定。

仔細觀察一下，我發現與我的青年時期相比，現在的青年人開始工作的年齡晚多了，就如同早晨日出時間較遲而又提早日落，其活動的時間大大的減少了。試想，如果一個學生，三十歲之前一直在求學，那他至少應工作到七十歲左右。如果這個人到五十歲或五十五歲就先衰老了，那他就僅有二十年或二十五年的時間可以工作。

當然，非凡的人也許在十年的時間內能完成百年的工作，但大多數人並不具備這種特殊的能力，更何況社會事務也變得愈來愈複雜。由於各種學問與技術漸漸在進步，說不定靠博士們的新發明，即使上了年紀也不致衰弱，或在年輕時，就能即使擁有充足的知識。正如從馬車到汽車，從汽車到飛機，人類的活動範圍越來越廣。如果初生的孩子就能立即成為有用之人，而後終其一生都能為社會服務，那就再好不過了。希望田中館[5]老師等人能夠作出這樣的新發明。不過在這樣的發明出來之前，我想老年人只有祈求老而彌堅，以便能努力工作。

身為一個文明的老人，雖然身體會衰弱，但精神絕不能衰老。要使精神不衰老，除了依靠學問，別無他法。只要經常不斷的探討學問，不落時代之後，其精神當永無老化之理。因此，我對只作為一個肉體而存在的人是十分厭惡的。我們在肉體有生之時，應該保持精神同在。

【注釋】

①元龜：日本年號，西元一五七〇年—一五七二年。天正：日本年號，西元一五七三—一五九一年。

②藤田東湖（一八〇六年—一八五五年）：日本幕府末期的政治家、思想家。

③會澤恆藏（一七八二年—一八六三年）：日本幕府末期的學者，對後期水戶學的發展作出了貢獻。本名安，幼名安吉，又名正志澤。

④烈公（一八〇〇年—一八六〇年）：德川齊昭的謚號，日本幕府末期水戶藩主。

⑤田中館（一八五六年—一九五二年）：指田中館愛橘，岩手縣人，物理學家，東京大學教授，舊貴族院議員。

人必須要有堅強的信仰

只要做事堂堂正正，那你就是一個優秀的人。

——澀澤榮一

子曰：「質勝文則野，文勝質則史。文質彬彬，然後君子。」

——《論語・雍也》

即使到了德川時代的末期，日本社會在傳統因襲之下，對一般工商業階層的教育與對武士階層的教育依然是完全不同的。武士所學的主要以修身齊家為本，他們不僅要學習如何修身，還要學習如何治理他人，也就是以經世濟民為宗旨。而對農工階層的教育，則並不在於教他們如何治國治民，有的只是一些淺卑的教育。

由於當時能夠接受武士教育的人很少，所以所謂教育都是寺子屋①的，由寺廟的住持或富豪的老人來辦教育。當時農工商的活動範圍也僅限於國內，與海外毫無關係，所以農工商者的只須初步的教育就足夠了。加上，主要的商品，均由幕府及地方諸侯統籌運送販賣，真正與農工商者有關係的部分非常少。當時所謂的平民，只不過是一種工具而已。更糟的是，武士還享有可以隨意對平民毆打、斬殺等自由，可以我行我素。這種情形，直到嘉永[2]政時代，才逐漸改變。接受經世濟民學問的武士，宣導起尊王攘夷[3]論，終於完成了明治維新的大改革。

我在明治維新之後不久，就當上了大藏省[4]官員。當時的日本，在物質科學方面的教育幾乎是零。武士教育中，雖然有種種的高尚精神，但農工商方面的學問卻是一片空白。不但如此，普通教育也只是低層次的，大部份是政治性教育。儘管海外交流已經開始，卻無任何涉外知識可言。儘管十分想要國家富強，但如何使國家富強卻一無所知。

一橋的高等商業學校，雖然在明治七年就設立了，卻被迫關閉了幾次。這是因為當時的人們認為，商人並不需要太高深的知識。我曾費盡心力大聲疾呼，為了與海外交流，無論如何要具備科學的知識。值得慶幸的是，機運漸漸來臨。至明治十七、八年（一八八四、一八八五年）之際，這種趨勢已經非常明顯了，很快就湧現出一批才學兼備的人。

自此之後以至於今，僅短短三、四十年時間，日本的物質文明已經絲毫不遜色於外國了。但這中間，又產生出了很大的弊害。德川幕府的獨裁專制政治，雖然造成日本社會三百年的太平盛世，但卻使政治變為軍閥政治，也就是造成這個弊害的原因。

不過，在那時代受教育的武士當中，尚不乏品行高尚、目光遠大的人。但時至今日，這樣的人已經沒有了。經濟進步了，財富累積了，但可悲的是，日本的武士道精神以及仁義道德觀念在今日社會，可以說已經蕩然無存。也就是說，精神教育完全衰微了。

我從明治六年（一八七三年）左右開始，全力以赴的促進物質文明的發展。時至今日，全國已到處可以看到有實力的民間企業家，國家的財富也大大增加了，但想不到人格修養反比維新之前退步。不，不只是倒退而已。我甚至擔心日本人的道德是否已經到了淪喪的地步了。所以我說，物質文明發展的結果，反而損害了精神的進步。

我一向堅持，精神的提升和財富的增加必須同步，從這點說來，人必須要有堅強的信仰。雖然我出生在農家，所受的教育也很低，幸而修習了漢學，由此獲得了一種信仰。我並不關心什麼天堂和地獄，只是相信，做事要堂堂正正，那就是一個優秀的人。

【注釋】

①寺子屋：又稱寺小屋。江戶時代，為庶民子弟所設立的初級教育機構，實施以讀書、寫字和算盤為中心的世俗教育，由武士、僧侶、醫師、神官等經營。鎌倉，室町時代，教育完全在寺院中進行，故起源於此。

②嘉永：日本年號，西元一八四八年—一八五三年。安政：日本年號，西元一八五四年—一八五九年。

③尊王攘夷：日本明治維新前，主張擁護皇室，排斥西方的政治思想。

④大藏省：相當於財政部。

大正維新的啟發

在青年時代，為了正義，任何危險都不要怕。若畏懼失敗，就絕對沒有成功的希望可言。只要自信是正義的事，那就應以進取心及剛健的精神奮鬥到底。

——澀澤榮一

維新就是《湯盤銘》上所說的：「苟日新，日日新，又日新。」在一個發揮勇猛活力的時代，自然會產生新的魄力和銳意進取的活動。所謂的大正[1]維新，也是這個意思。必須要立一種決心，努力展現出上下一致的奮進。但因當時社會保守退縮之風相當興盛，所以就需要格外的努力奮鬥。故與明治維新之際的人物比較起來，執行大正維新的人就值得好好反省一番。

明治維新以來的各種事業中，雖然有些也逃不過失敗，但大多數的事業都是以非凡的精神和魄力，朝氣蓬勃的發展開來。儘管還有其他種種原因促成其發展，但當時所表現的氣魄與精神確實是相當偉大的。

青年時期血氣方剛，如果能夠善於利用這種血氣來奠定今後的幸福，那就盡量的加以發揮。不像年紀大了以後，就容易陷入保守、因循的境地。即使有想法，也總覺得危險而不敢行動。

在青年時代，為了正義，任何危險也不怕。若畏懼失敗，就絕對沒有成功的希望可言。只要自信是正義的事，那就應以進取心及剛健的精神奮鬥到底。本著正義的信念，披荊斬棘，勇往直前，有著穿透岩石的鋼鐵決心，且以天下無難事的決心做下去。只要有這種意志，則任何困難都能克服。即使失敗，那也是因為自己的失察。如果心中對此無絲毫愧疚，反能由此得到極大的教訓，養成更堅強的意志，更增加其信心而勇猛前進。及至壯年，終會有所作為，無論對國家或是個人，都是一個值得信賴的人物。

對於日後要肩負重任的青年來說，此際應有所覺悟，要下定決心，以便投入到日後日益激烈的社會競爭中。倘若以今日得過且過的狀況繼續下去的話，國家未來的前途實在令人擔憂。只希望青年們凡事務必處心積慮，以免他日後悔莫及。

明治維新之際，是一段百廢待舉、雜亂無章的時代。

今天的情況與那時相比，顯然已經有了驚人的發展，整個社會面貌煥然一新，百般秩序均已完備，學問廣泛普及，做事也方便。如果能以周密的細心和大膽的行動充分發揮活力去經營大事業，必能感到非常愉快。只是，在這種有秩序，一般教育普及的時代，常比尋常進步緩慢，如僅以卓越的熱情來做，是很難推動、改造大局勢的。同時，由教育所引起的弊害多少會有一些，故還須發揮強大的勇猛心，充滿澎湃的活力，打破各種路障，以求向著目的迅猛的前進。

【注釋】

① 大正：日本年號，西元一九一二年—一九二六年。

豐臣秀吉的長處和短處

做事成功的要素不是在成功之日造就的，而是很久以來逐漸培養起來的。

——澀澤榮一

亂世之中的豪傑不拘於禮，以至家道不齊的事例，並不僅限於明治維新之際的元老。無論哪個時代，亂世之際莫不如此。我也不敢誇口已經到達齊家的境界，甚至像豐太閣①（豐臣秀吉）那樣的曠世英雄，也是一個不拘於禮的人。當然，這本來不是值得誇耀的事，但生逢亂世，只好認命如此，不能過於責備。不過對豐太閣來說，他最大的短處就是持身不謹和有機智卻無謀略。若要說他的長處，那自然是他的努力、勇氣、機智，以及氣概。而豐臣秀吉長處中的長處，莫過於他的努力。我對秀吉的努力是由衷敬佩的，希望青年子弟們一定要學習秀吉努力的精神。

做事成功的要素不是在成功之日造就的，而是很久以來逐漸培養起來的。秀吉之所以能成為曠世英雄，最大的一個原因就在於努力。秀吉在信長②手下擔任侍僕時，稱木下藤吉郎。當他為信長拿草鞋時，一到冬天，秀吉總會把信長的草鞋放入自己懷中保暖，所以信長的草鞋穿起來都是暖暖的。除非特別細心，否則不會注意到這麼細微的事情。此外，在信長有事要一大早出門的時候，雖然還不到隨從人員聚集的時間，但只有藤吉郎能隨時應聲而到，伺候其左右。由此可以看出秀吉的努力和不平凡。

天正十年（一五八二年），織田信長被其部將明智光秀[3]殺害。當時秀吉正在備中攻打毛利輝元[4]聞此消息，迅即與毛利議和，並從他那借得弓、銃各五百，旗三十及騎兵一隊，從中國率軍折回。在距京都僅僅數里的山崎，與光秀軍作戰，終於大破敵軍，誅光秀，並將其首級懸掛在本能寺示眾。

從頭到尾秀吉所費的時日，從信長在本能寺被殺算起，僅十三天而已，也就是兩周以內。當時，既無鐵路，又無汽車，交通極為不便，京都發生事變的消息一傳到中國，秀吉就立即與對方達成協議，並借來對方的兵器士卒，然後引兵折返京都。這一連串的事所耗費的時間竟然不到兩個星期。這充分顯示了秀吉是一位非同尋常的軍事家。若沒有這種務實精神，縱有機智，有非常強烈的為主君報仇的願望，也無法如此迅速的處理這一切。從備中到攝津的山崎，聽說秀吉的軍隊是日夜兼程，急行軍的趕回，並很快平定了叛亂。

次年，天正十一年，秀吉在賤岳之戰中打敗了柴田勝家[5]後，終於統一了天下。天正十三年（一五八五年），秀吉已榮升關白[6]位（官拜首相）了。從本能寺事變發生到秀吉統一天下，只有三年的時間而已。秀吉固然天賦異稟，但如果沒有他的努力、實幹，也不會有如此成就。

據說，在秀吉剛到信長麾下不久，有一次，他僅用了兩天的時間，就將清洲城的城牆修築完竣，令信長驚愕不已。雖是傳說，但也不能一概的認為這是稗史小說的無稽之談。如以秀吉這種努力和實幹精神來看，這樣的事也是有可能做到的。

【注釋】

① 太閤：日本攝政或太政大臣的通稱，後指把關白（輔佐天皇的大臣）讓給其子的人。豐太閤，指豐臣秀吉。豐臣秀吉（一五三七年—一五九八年），日本戰國、安土桃山時代的武將。

② 信長（一五三四年—一五八二年）：即織田信長，日本戰國、安土桃山時的武將。

③ 明智光秀（一五二八年—一五八二年）：日本安土、桃山時代的武將。

④ 毛利輝元（一五五三年—一六二五年）：日本安土、桃山時代的武將，諸侯。

⑤ 柴田勝家（一五二二年—一五八三年）：日本安土、桃山時代的武將。

⑥ 關白：日本古代官名，輔佐天皇的大臣，位在太政大臣之上。

小事皆通達，臨大而不驚

無論如何，不應輕視小事，務以勤勉、忠實、充滿誠意的態度圓滿的將它完成。

——澀澤榮一

子曰：「以約失之者，鮮矣。」

——《論語・里仁》

青年當中，總有人感嘆：想做大事，可是無人引薦，沒有人支持。的確，不管你多優秀，若你的才氣、膽識未被前輩或社會發現，你也就無從施展你的抱負。若一個年輕人能被有力的前輩引為知己，或者本來就有有力的親戚，那他被認同，器重的機會當然就多一些。這種人是比較僥倖的，但這是對才能普通的人來說的。

如果一個人有能力，有頭腦，雖然有力的知己朋友或親戚沒有為他說話，但是社會也不會埋沒他的。當今社會，人口眾多，無論官場、公司還是銀行，人員都嚴重超編，但是，能讓前輩上司安心委託的人卻寥寥無幾。所以，只要是優秀的人才，任何地方都非常需要。就像桌上已擺好了大餐，要不要吃，完全取決於拿筷子的人。美食既已獻上，前輩們是沒有那個閒情逸致來挾起美味送進你嘴裏的。一切要自己動手才有得吃。

豐臣秀吉由起於一介匹夫，躍登關白之尊、布衣卿相，如此大餐並不是織田信長平白送進他嘴裏的，而是他自己用筷子挾來的。所以只要你想做事，就必須凡事積極，自己動手。無論是誰，都不會一開始就把重要的工作交給沒有經驗的年輕人。像秀吉這樣的大人物在最開始的時候，也只是替信長拿拿草鞋而已。

現今有些青年，認為自己受過高等教育，卻要我和學徒一樣，撥撥算盤，記記帳，實在是大材小用，太沒價值了。因此認為前輩用人不當，私下裏免不了有不平之鳴，如果這樣想，就錯了。的確，讓一個有才華的人去做卑微的工作，從人才任用的經濟角度上來看，是很不明智的。但前輩們如此安排，也是有充分的理由，並不是愚蠢的行為。青年們應該先按前輩的要求做，看能不能勝任，專心致志把分內的工作做好。

如對交給自己的工作感到不平，想要辭職不幹的人，當然不行；輕視卑微的工作，草率從事，馬虎應付也是不行的。其實不管是多麼微不足道的事，也是大事中的一部分。這樣的小事都不能做好，一味的好高騖遠，最後怎麼能成就大事。譬如時鐘上小針的齒輪怠惰不動，大針也就不得不停下來。不論多大的銀行，如果有毫釐的計算錯誤，這一天的帳目就對不上。

年輕人心高氣傲，對小事不重視。但這些小事日後難保不會引起大問題，就算日後不會成為大問題，但一個對小事馬馬虎虎、粗心大意的人，終究是成不了大事的。水戶的光國公有壁書曰：「小事皆通達，臨大而不驚。」無論在商業還是軍事上，甚至對任何事情都要抱著這種心理去思考。

古語有云：「不積跬步，無以致千里。」即使自己有信心能做大事，但大事仍然是由許多小事累積而成的。所以無論如何，不應輕視小事，務以勤勉、忠實、充滿誠意的態度圓滿的將它完成。秀吉之所以能被織田信長重用的原因，也就在此。拿草鞋的任務他也認真的對待；讓他帶領一隊兵馬時，也完全做好一個部將的工作，所以得到了信長的賞識，受到特別提拔而與柴田[1]及丹羽同列為將軍，擁有相同的身份與地位。

由此可知，無論是當傳達員還是記帳員，一個人能以全力來完成交給他的工作，才能打開「功名利祿」之門。

【注釋】

①柴田：指柴田勝家，見前注。丹羽，指丹羽長秀，（一五三五年—一五八五年）日本安土、桃山時代的武將。

立大志與立小志

立志首先在於瞭解自己，其次要考慮周遭的人與事，最後再建立與此相適應的方針。

——澀澤榮一

子曰：「吾十有五而志於學，三十而立，四十而不惑，五十而知天命，六十而耳順，七十而從心所欲，不逾矩。」

——《論語・為政》

除天生為聖人者，自應另當別論，我等凡人在立志的時候，往往會有各種困惑。或者是被當前社會風潮所鼓動，或者是受到周圍事情的影響，使許多人不考慮自己的能力，貿然向自己本領以外的領域邁進。這不能說是真正的立志者。

尤其在如今這個秩序井然的社會，一旦立志，再想轉變方向，是非常不利的，故立志之初，必須慎重考慮。也就是說要頭腦冷靜，詳細比較分析自己的長處及短處，最後選擇自己最擅長的方面立下志向。同時有必要深入考慮自己的境遇，看它能否成全你的志向。例如身體強壯，頭腦清晰，所以立志想要一生追求學問。但如果沒有足夠的財力，那就很難完成心願。

因此，要把確實有可能把它當作一生的事業，且有希望成功的方面作為自己的志向。然後才可以開始確定方針，計畫下一個步驟。如果沒有經過這樣的深思熟慮、細密考察，只是追趕社會一時的風氣，輕易決定自己的志向，最終必然無法完成大業。

如果已經確立了根本的大志向之後，接下來便須日日思量如何成其枝葉的小立志了。任何人隨時都會因為接觸到某些事物而激起一種希望。如他有實現這希望的信念，這也是一種立志，也就是我所說的小立志。舉個例子：一個人由於某一件事而受到社會的尊敬，這使其他人也激起一種希望，希望自己能夠像他一樣，這也就是一種小立志。然而在想辦法達成這個小志向之前，應該注意的是：無論如何，你的小志向都必須在絕對不動搖貫穿一生的大志向的範圍內去著手。這是一個很重要的原則。由於小志向在性質上常常會有所變動，但不管如何變動遷移，必須注意不要動搖了你的根本大志。也就是說小志向和大志向二者之間不能產生衝突，應該時常調和使其一致。

以上所述，主要是如何在立志上下功夫，下面我們以孔子的立志來看古人是如何立志的。

我平常是以《論語》作為自己處世的行為規範，我們可以透過這本書來看孔子是如何立志的。從子曰：「吾十有五而志於學，三十而立，四十而不惑，五十而知天命」來推測，孔子在十五歲時，就已經立下了志向。但是他所說的「志於學」，是不是指孔子以追求學問作為一生的志向，尚有疑問。但他必定是大力追求學問的，這應該沒有疑義。

進而所說的「三十而立」，可能是指孔子此時已成為卓然獨立的人物了，自信能夠修身、齊家、治國、平天下了。從「四十而不惑」一句來想，可知孔子已進入一旦立志，絕不再因外界的刺激而有所動搖了。一切作為都是有信心的行動，到了這地步，立志也大約有了結果，而且已經很堅定了。

由此可知，孔子的立志是在十五歲到三十歲之間。有志於學的時候，立志還未堅定，尚有點猶疑不定；到了三十歲時，已略見其決心；及至四十歲時，立志才算是大功告成。總之，立志是人生建築的架構，小立志只是其修飾。一開始就要充分考慮配合，然後動手，否則難保所立的志向日後不會毀於半途。

對於每個人來說，立志是人生重要的出發點，任何人都不得輕視它。立志的要領首先在於瞭解自己，其次要考慮周遭的人與事，最後再擬定計畫。我相信，一個人如能依此步驟，量力而行的話，就不會在人生的道路上發生失誤。

君子之爭

人不分老幼，無論是誰都有自己不圓融的地方。否則，他的一生也就全無價值，沒有什麼意義了。

——澀澤榮一

子貢問：「師與商也孰賢？」
子曰：「師也過，商也不及。」
曰：「然則師愈與？」
子曰：「過猶不及。」

——《論語・先進》

社會上有不少人認為，我是一個與世無爭的人。當然，我不喜歡與人爭執，但也不是完全不爭的人。要一直把正確的道路走到底，那就不可能絕對避免爭執。如果人人想要與世無爭，安然度過一生，那善就要為惡所戰勝，正義也就無法伸張了。我雖不肖，但也不想成為一個圓滑但不中用的人，站在正確的立場上，不與惡作鬥爭，反而讓路給它。

雖然人的處世要圓融，但也不能沒有棱角，毫無原則。古歌中有句話說得好：「過於圓滑，反而容易跌倒。」我並不像社會上人們所說那樣的圓融，乍看之下，好像很圓融，實際上多少有不圓融之處。年輕的時候，我就如此。到今天，即便我已經超過七十歲了，如遇到有動搖我信念的東西，我還是會斷然的與之力爭到底。只要我認為是正確的，無論如何，我是絕不退讓一步的，這就是我不圓融的地方。

其實人不分老幼，無論是誰都有自己不圓融的地方。否則，他的一生也就全無價值，沒有什麼意義了。人生處世，雖應盡量圓融，但過分的圓融，「過猶不及」，正如孔子《論語・先進篇》所說的，太過圓融反易變成毫無性格的人。我絕對不是這樣圓融的人，相對的，我也有棱角。我就用一些事實來證明——用證明這詞似乎有些異樣——就姑且談一些吧。

當然，我從青年時代起，在記憶中就沒有訴諸武力與人相爭。但年輕時的我與今日不同，容貌似乎有點倔強，所以在他人眼中，好像過去更容易與人發生爭執。實際上，我與人相爭都是用議論的方式，至於為了權利而爭，或訴諸於武力的，則從未有過。

明治四年（一八七一年），我剛好三十三歲，正在財政部擔任總務局長。當時，財政部的出納制度作了一項重大改革，頒佈了改正法，採用西方的簿記制度，用傳票的方式來處理金錢的出納。但是，當時的出納局長，姓名姑且不提，對這個改正法持反對意見。在傳票制度實施之後，我時常發現很多錯誤，故對當事者加以斥責。這一來，本來就反對改正法的這位出納局長，有一天竟盛氣凌人的闖進我的辦公室來興師問罪。只見那位出納局長怒氣沖沖的逼近我，我正打算靜靜的聽他說些什麼。

想不到，這位局長對他自己在傳票制度上所犯的錯誤隻字不提，連一句道歉的話也沒有，反而一味的指責我採用歐洲式的簿記法，甚至說了許多狂妄的話。他說：「你只知道醉心美國，事事模仿他們，提出什麼改正法，用簿記法來辦理出納，才會造成今天這些過失。與其說這個責任出在造成過失的當事人身上，不如說出在提出改正法的你身上。因為是你要求我們採取簿記法，才造成了我們的錯誤，這就不能責怪我們了。」他說了一大堆令人憤慨的話，沒有一點自我反省的意思。他這種無理的態度，雖然令我感到非常吃驚，但我還是好言相勸，諄諄以導「要使出納業務正確，必須採用歐洲式簿記法、使用傳票記帳」等等。

然而，這位出納局長卻絲毫沒有把我的話聽進去。三言兩語的爭執之後，只見他滿面通紅，揮起拳頭，朝我的眼睛打了過來。這位出納局長與小個子的我一比，顯得非常高大。不過，他因怒火中燒，腳步不穩，看起來也不是特別的強悍。而我在青年時代，曾學過相當的武術，身體鍛鍊得不錯，臂力也並不小。只要他訴諸暴力，那我也就毫不客氣，三兩下就能打敗他的。因此，在見到他離開座位站了起來，握拳舉腕，如一尊阿修羅般兇猛的打過來時，我也立即離開座椅，機靈的閃過身去，退到椅子後面。他的拳頭落空後，顯得有些不知所措，我立刻利用這一空隙，泰然斥道：「這是辦公的地方，你要搞清楚，不允許像販夫走卒那樣動粗，你要考慮清楚！」

在我大喝一聲之下，這位出納局長好似突然意識到自己做錯了事，立刻將舉高的拳頭緩緩放下，垂頭喪氣的離開了我的總務局長辦公室。之後，有關這個局長的去留問題，便議論紛紛，許多人認為在政府機關內，對長官揮拳頭實在是不像話。但我想他如知過能改，就讓他繼續保留原職。不過，同事中為我憤慨的人，將此事詳詳細細的向太政官[1]打了報告。太政官也不能放任不管，結果將他免了職。到今天，我對這件事依然感到十分遺憾。

【注釋】

① 太政官：此處指日本慶應四年設的最高官廳官員。據明治二年的官制改革，管轄民部管等六省，相當於日本今日的總理大臣，明治十八年內閣創立，同時廢止。

社會與學問的關係

如果沒有足夠的信念，沒有把握大局的睿智，就會失望氣餒，勇氣全消，而陷於自暴自棄，以致在山中郊野狂奔亂衝，最後陷於不幸的境地。

——澀澤榮一

學問與社會之間並沒有太大的差別，但在學生時代卻想像的卻非常大，以致進入社會看到活生生的實際社會時，大有出乎意料之感。

今日的社會與往昔不同，形形色色，十分複雜。在學問上，也劃分為許多科目，如政治、經濟、法律、文學，此外還有農科、商科、工科之分。而且在各科之中還要細分，如工科就有電氣、蒸汽、造船、建築、採礦、冶金等各分科。即使是看起來比較單純的文學，也有哲學、歷史的分別。因此，從事教育的，寫小說的，一切也都是各從其好，複雜而多歧。因此，實際社會中，各人的活動方向並不像學校所學或桌子上所看的那樣分明，稍一不注意，就容易迷失犯錯。對於這點，學生必須多加注意，要著眼根本，不誤大局，站穩自己的立足點；也就是說，要時時注意自己與他人的立場。

急功近利而忘卻大局，是人的通病。過於拘泥於事務，以細微末節的成敗，來判斷自己的成敗，稍有寸進，便心滿意足，而小有挫折，就沮喪不堪。剛從學校畢業的人，之所以會輕視社會實際工作，誤解實際問題，多數是由此而來。這種錯誤的觀念務必要把它改正過來。

為了說明學問與社會之間的關係，我想舉一個例子，以此作為大家的參考。學問與社會的關係其實就像看地圖與實地步行的關係。打開地圖一看，世界盡收眼底，一國一鄉都不過咫尺之間。軍隊參謀總部所製地圖相當詳細，從小河小丘，到地形的高低傾斜，都描繪得清清楚楚。即便如此，與實際地形比較起來，仍然有意想不到的差距。如果對此不作深入考慮，以為看完地圖對地形就已經十分熟悉了，那當你踏入實地一看竟然大不相同時，就會感覺茫然一片而完全迷失方向。

在山高谷深，森林綿延，長川大河之間，覓路而行。有時迎面而來的是崇山峻嶺，無論如何攀登，也難到達山頂；有時被大河所阻，無路可循；有時道路迂迴曲折，不易前行；有時進入深谷，不知何時才能走出無底洞天，到處都是困難重重。在此緊要關頭，如果沒有足夠的信念，沒有把握大局的睿智，就會失望氣餒，勇氣全消，而陷於自暴自棄，以致在山中郊野狂奔亂衝，最後陷於不幸的境地。把這個例子，運用到學問與社會的關係上加以應用考察，應該就能明瞭。

總之，社會上的事物相當複雜，縱然事前已有所瞭解，也有了心理準備，但在實際中，料想不到的意外情況仍然很多。因此，身為學生，平常就必須用心的研究社會。

勇猛之心的培養

品性惡劣的行為不是勇氣，而是野蠻狂暴，不但會貽害社會，最後也會導致自身的滅亡。

——澀澤榮一

精力旺盛，身心活潑，自然能做大的事業。但是做大事業的方法如果不當，就會招致莫大的過失。因此，一個人平常就要注意，認真考慮應該如何猛進。猛進的力量如有正義觀念在背後鼓舞，必然可以助長其聲勢。可是如何才能養成這種斷然實行正義的勇氣呢？那必須從日常生活做起。首先要從肉體的鍛鍊開始，即武術的磨練和下腹的鍛鍊，使身體保持健康。與此同時，還要充分陶冶性情，進而在行動上保持身心一致，產生自信心，這樣，必能提升自己的勇猛之心。

下腹部的鍛鍊方法，現在有很多，如腹式呼吸法、靜坐法、息心調和法等，都非常盛行。實際上，大多數人都是腦部容易充血，這樣自然神經過敏，容易為外物所激動。但是，一旦養成將力量灌注到下腹部的習慣，人就會心寬體胖，穩健沉著而勇氣百倍起來，甚且敏捷過人。因此，自古以來武術家的性格一般都很沉著、敏捷，因為練武除了鍛鍊下腹部之外，還養成了一種出手時傾注全力的習慣，進而使全身能夠自由自在的活動。

勇氣的修養，除了進行肉體上的鍛鍊，同時還要注意內心的修養，二者必須同時進行。你可以透過自我閱讀，從古代勇者的言行中接受感化，向其學習。亦可接受長輩的感化，聽他教誨，然後身體力行去實踐，一步步使剛健的精神得到發展提升，以培養正義感和自信心，一旦達到言行不離義的境地，自然就會產生勇氣了。

不過，應當注意的是，青年時代血氣方剛，切勿意氣用事，不分青紅皂白，逞一時之勇，以致行為變得蠻橫粗暴。品性惡劣的行為不是勇氣，而是野蠻狂暴，不但會貽害社會，最後也會導致自身的滅亡。對這一點務必要多加注意，絕不能鬆懈平日的修養。

總而言之，今天的日本，已經不是一個因循姑息、穩穩當當承繼過去的事業就可以心滿意足的時代了。這是一個創新的時代，我們不但要趕上先進國家的發展，更須凌駕其上。因此，舉國上下要有覺悟之心，齊心協力，排除萬難，勇往直前。為能達成這個目標，青年必須不斷的促使身心健全發展，保持旺盛的精力，這才是我衷心期望的。

一生所要走的路

為了國家的發展，必須圖謀工商業的發展。

——澀澤榮一

我在十七歲時，曾一心想當一名武士。因為當時的實業家和農夫、商人的地位一樣卑下，甚至連普通人家的待遇都享受不到，其卑微狀態誠不足掛齒。門第家世被過分看重，只要生於武門之家，即便沒有才能，也能躋身於上層社會，凡事可以依仗權勢隨心所欲。對這種情況，我也十分生氣，憑什麼不是武士就沒有價值呢？

當時，我多少修習了一些漢學，也讀了《日本外史》[①]之類的書籍，知道了日本的政權如何由朝廷轉移到武門的經過。因此產生了慷慨之氣，深深感到一生做個農夫或商人，未免沒有出息，所以強烈的想要當一名武士。但我的目的並不是單純的想要當一名武士而已，更想在成為武士之後，有可能去影響當時的政體。如用今天的話來表達，就是抱著作為政治家而參與國政的想法。這就是造成我離開故鄉，四處漂泊這一錯誤行動的原因。

後來一直到任職財政部為止，共經歷了十幾年的時間。從今天的立場來看，幾乎是毫無意義的虛度了。每每追憶及此，還不勝欷噓！

老實說，我的志向在青年時期是不斷改變的，當我最後決定投身於實業界時，大約已是明治四、五年的時候了。今天回想起來，那時的決心才是我真正的立志。本來，從我自己的個性與才能來看，我早期投身政界是朝著自己的缺點突進。那時，我對這一點已經有所覺醒了。並且，當時我還感到歐美各國之所以能有那樣的昌盛，完全是因為他們的工商業發展的緣故。如果日本僅維持現狀的話，什麼時候才能與歐美諸國並駕齊驅呢？

因此，我內心有了這樣一種想法：為了國家的發展，必須圖謀工商業的發展。從此，我就決心成為實業界的一分子了。爾後四十餘年，我的心志始終如一，不再動搖，所以對我來說，那次的立志，才是真正的立志。

回顧起來，在此之前所立的志向，由於無法跟自己的才能相應，是不自量力的立志，所以不得不反覆變更。而後來的立志，竟能保持四十餘年而不變。由此可知，這才是真正適合自己素質和才能的立志。

如果我一開始就有自知之明，從十五、六歲起就能確立自己真正的志向，從那時開始向工商業邁進的話，與我三十歲左右才踏入實業界相比，中間相差十四、五年的歲月。相信在這麼長的一段時間裏，我必然已累積了相當可觀的有關工商業方面的知識了。假如真是這樣的話，那今天大家看到的澀澤，一定更有成就吧！

不過很可惜，年輕時被一時的衝動所誤，把人生最重要的青春時代的大部分光陰，都浪費在了方向錯誤的工作當中。我想，這個前車之鑑對正要立志的青年來說，應該會有一點參考價值吧。

【注釋】

①《日本外史》：史書，賴山陽著，二十二卷。按各家分別記載了從源平二氏到德川氏的武家興亡歷史，並插有史論。漢文體。一八二七年拜呈松平定信。

第三章

常識與習慣

常識，就是指待人接物不矯情、不頑固，是非善惡分明，利害得失心中有數，言談舉止中規中矩。常識就是通曉一般的人情，瞭解通俗的事理，能夠恰當處理。正因為有了智慧、情愛和意志，才有了人類社會的活動，人們才能與事物接觸，取得效能。習慣就是一個人平常的行為舉止不斷重複所自然而然形成的一種固有慣性，它會影響到一個人的心靈及行動。所以說，習慣會影響到人的性格。所以男女老幼都要用心警惕，養成好的習慣。

常識是什麼

一個人，如果沒有足夠的智慧，識別事物的能力就不足。一個無法識別是非善惡和利害得失的人，不管他多麼有學識，也不能以善為善，以利為利，所以對這種人來說，縱有學問，也是白白的糟蹋了。

——澀澤榮一

子曰：「我未見好仁者、惡不仁者。好仁者，無以尚之；惡不仁者，其為仁矣，不使不仁者加乎其身。有能一日用其力於仁矣乎？我未見力不足者。蓋有之矣，我未之見也。」

——《論語・里仁》

不管是身處何種地位的人，也不管他身處哪一種場合，常識對於他都是必要的，不可缺的。那麼，什麼是常識呢？我是這樣解釋的：

所謂常識，就是指待人接物不矯情、不頑固，是非善惡分明，利害得失心中有數，言談舉止中規中矩。如果從學理上去解釋，我認為是「智、情、意」三者保持平衡、平等的發展。如果能做到這些，就基本上具備了常識。換個說法，常識就是通曉一般的人情，瞭解通俗的事理，能夠恰當處理。心理學家把人的心靈分成「智、情、意」三者，並認為三者是可調和的。正因為有了智慧、情愛和意志，才有了人類社會的活動，人們才能與事物接觸，取得效能。所以，我想對常識的根本原則「智、情、意」三者做一下說明。

「智」對於人類究竟在發揮著什麼作用呢？一個人，如果沒有足夠的智慧，識別事物的能力就不足。一個無法識別是非善惡和利害得失的人，不管他多麼有學識，也不能以善為善，以利為利，所以對這種人來說，縱有學問，也是白白的糟蹋了。懂得了這一點，也就懂得了智慧對於人生的重要性。智慧於人生是如此的重要，然而，宋代的大儒程頤、朱熹卻是極其的厭惡智慧，認為智慧會使人變得偽詐，容易使人陷入術數之中，而且，如果將智慧用在功利上面，就會遠離仁義道德，因此，他們主張疏遠智慧。這樣，原本可以在各方面活用的學問，變成了無用的死物，但求「修一己之身」，只要「不做壞事」就好，這種人生觀真是太荒謬了。試想，如果一個人只要求自己，只要自己不做壞事，別人怎樣與我無關，這樣的人是怎樣的人呢？這樣的人生活在社會上會有什麼貢獻呢？這樣的人明白人生的目的究竟是什麼嗎？過分約束「智」，雖然不會有人做壞事了，但人心也漸漸傾向於消極，行善的人也將漸漸減少，這是很讓人擔憂的。人活在世上，一定要為社會多做貢獻，萬不可行惡做壞事，這樣人生才有意義。朱子有「虛靈不昧」、「寂然不動」之說，主張仁義忠孝，認為智會偏向詐術不能不避之，因此，使孔孟之教陷於偏狹之境，也致儒教之大精神為世人所誤解。其實，智是人心不可或缺的一大要件，所以，我認為絕對不能輕視智。

如上所述，智是十分重要的，但只要有智就能在社會上活動了嗎？不是的，如果沒有「情」的輔助，智是無法充分發揮其能力的。試問，有很高的智，但卻很薄情的人通常會怎樣做事情呢？他會為了滿足自己的欲望，而對別人的利益毫不在乎。一般，有高智慧的人，無論做什麼事情，從一開始就能掌控其發展，預知其結果，他能夠把事物看得很透徹。這種人如果缺乏情愛，那後果將不堪設想。因為他會運用其所洞悉的事理，毫不顧及他人的利害得失，而只以自身利益為第一，不擇手段的去追求私利，甚至以極端的方法。能調和這種不均衡現象的，只有「情」。情是緩和劑，不管什麼事只要用情來調和，便可保持平衡。情可以圓滿解決一切人生之事。假如人世間沒有了「情」，那麼人間將會變成一個怎樣的天地呢？其結果一定是凡事都走極端，無法收拾。因此，對於人來說「情」是不可或缺的一種機能。但是，「情」有一個最大的缺點，就是容易使人激動，控制不好，惡化下去就會動搖已經確定的決心。人的喜、怒、哀、樂、愛、惡、欲七情多變無常，因此，在人的心底深處，如果沒有能夠約束情的東西，恐怕就會有感情用事的缺點，於是便產生了「意志」，所以「意志」對人也是非常必要的。

抑制容易衝動的「情」，需要依賴堅強的「意志」。「意志」是精神作用的根源，有堅強意志的人，在人生舞臺上擔當的是強者的角色，但只有堅強意志而沒有情與智相輔的人，只會是一個頑固的人，剛愎自用的人，即使自己的主張不對，也不會矯正，像這樣以自己本位堅持到底的人，有其可愛之處，但不是值得尊敬的人。他缺乏身處一般社會應有的資格，換言之，他是坐在精神輪椅上的人，不是一個完全的人。在堅強的意志上加以聰明的智慧，再以情愛來調節，使這三項因素得到最適度的調和，再加以運用，才是完整的常識。現代的人們，只知開口閉口大言「堅強你的意志」吧，但不知空有堅強的意志是無濟於事的，就如俗語所說的「蠻勇武夫」一樣，雖然意志很堅強，但不能說是一個對社會有用的人。

口是禍福之門

口是招禍之門，也是降福之門。為了招來福，多辯並非壞事，但為了避免招致禍端，說話時一定要謹慎小心，即使是一兩句話，也絕不可存輕妄之心。

——澀澤榮一

我是一個善辯的人，經常在各種場合談話、演講。這樣，不知不覺間話說多了，難免有時會說錯話，為人所笑或落人口實。但不管如何為人所笑或落人口實，只要開口說話，我都實話實說，不胡言亂語，也許在別人聽來是妄語，但我確信自己沒有口出狂言，我所說的都是自己確信的東西。雖然禍從口出，但如果因為畏懼禍從口出，就不再說話，這會是一個什麼樣的結果呢？我認為在必要的場合應勇敢表達自己的想法，否則將會失去大好機會。雖說禍從口出，但是不是也能福從口出呀？難道不能利用口舌得福嗎？即使多辯不令人感到可佩，可是沉默也同樣不令人感到可貴。

像我這樣愛辯論的，由此結下了禍，也由此招來了福。譬如說，沉默不能解決任何問題，但你說出來，就可能解決你的困難。可能正是因為我善辯，別人一旦有口舌之爭，人們就會請我去調和，每次都能得到圓滿的解決；也可能正是因為經常調解糾紛，才使我獲得了較多練習口舌的機會，如果經常保持沉默的話，這些福就不會來臨。由此看來，的確能從口舌中得到利益。所以說口是禍之門，也是福之門。松尾芭蕉[1]法師有句詩說：「冷語如秋風，出口唇也寒。」這是禍從口出的文學表達，但只看到禍的一面，未免有些消極，要是解釋的極端一些，就是要人變成啞巴，什麼也不能說。如此一來，人的生活空間未免就變得太狹隘了。

口是招禍之門，也是降福之門。所以，為了招來福，多辯並非壞事，但為了避免招致禍端，說話時一定要謹慎小心，即使是一兩句話，也絕不可存輕妄之心。要牢記禍福需分明。

【注釋】

① 松尾芭蕉（一六四四年—一六九四年）：日本江戶時代的詩人，對日本俳句詩體的發展影響極大，被尊為「俳聖」。

因惡而知美

壞人不一定做一輩子的壞事，好人也不一定會一輩子都做好事。所以，有時候即使知道他是壞人，也不要把他當作壞人來憎恨他，而是要盡可能的用善去誘導他，使他向善。

——澀澤榮一

有子曰：「其為人也，孝悌而好犯上者，鮮矣；不好犯上而好作亂者，未之有也。君子務本，本立而道生。孝悌也者，其為仁之本與！」

——《論語・學而》

我經常被世人所誤解，被人批評為「清濁非吞主義」的信奉者和不分正邪善惡的人。前些天有一個人當面質問我：「先生把《論語》標榜為待人處世的根本原則，而且您也在身體力行論語主義，但是您的學生中卻有與先生主張完全相反的，可以說是非《論語》主義者，他們應該受到社會的譴責。先生置社會輿論於不顧，滿不在乎的繼續和他們交往，難道不怕損害您高尚的人格嗎？我想聽聽先生的想法。」

誠然，他們批評的有道理，也很恰當，但我有我的想法。我處理世事所抱持的原則是：自己立身的同時幫助別人，為社會效力。我願意竭盡所能多做善事，救濟別人，促進社會的進步與繁榮。我把為自己謀求錢財、地位和子孫的繁榮放在第二位，把為國家社會效力放在第一位。我是如此為他人著想，時時刻刻想著要幫助他人，用心提升他們的能力，以把他們安排到適當的位置上。也許是我的這種想法和做法，才招來社會的惡評的吧。

自從我踏進了實業界，我所接觸到的人，在逐年的增加。這許許多多人中，雖然有人模仿我的所作所寫，但只要他們能發揮自己的長處，精益求精做事業，即使他們的動機是為自己謀利，只要事業正當，結果對國家社會有益，我就會肯定他們，並經常加以援助，設法幫助他們完成心願。這不只局限於以謀求直接利益的工商業者，對於從事文筆生活的人士，我也是一視同仁，用同一原則給予幫助。比如，雖然我見地平凡，但如果從事新聞工作的人真心實意的來採訪我，並且所提的問題對社會有價值，我一定來者不拒。儘管我很忙，我還是會抽出時間來接受他們的採訪，在說這對社會也是有益處的。這就是我所抱持的原則。所以真誠想和我見面的人，不管是舊識還是新知，只要是真誠的，我都樂意和他交談，傾聽他的訴說。如果他的作為的確合乎道德，那麼不管他是誰，我都會盡我的能力來幫助他。

然而，讓我感到氣憤的是，有人常常對我提出一些無理的要求。比如，有人素昧平生就請求我借錢給他做生活費；有人因家裏不富裕，怕家長讓他中途輟學，而請求我補助他今後幾年間的費用；有人有一點點發明，便想藉此成就一番事業，而請求我幫忙籌措資金；甚至有人想要創業，而請求我出錢投資等。僅諸如此類的信件每月就有幾十封之多。因為信封上寫著我的姓名、地址，我就有讀它的義務，所以寄來的信我都會拆開看，然而，這許許多多的要求和願望多半都是無理的。還有人會親自登門來提出種種的願望，他們我都見，但對他們所提出的不合理的要求和願望，我都一一說明其不合理的地方，然後再拒絕他。我的這種做法，像一一過目收到的信件和一一接見前來的訪客，在別人看來，也許都沒有必要，但不看信件或不見客人，就違反了我的處世原則。因此，儘管知道這樣會給自己增添很多的雜務，使我沒有片刻的閒暇，但為了信守自己的原則，我仍然願意不厭其煩的承擔這些「多餘的麻煩」。

所以，不管是何種人的請求，陌生人也好，熟人也好，只要提出的要求合理，一是為了他們個人，二是為了國家和社會，我都義不容辭的在力所能及的範圍內給予幫助。也就是說，只要有道理，我都願意主動的助他一臂之力。當然，也有幫錯忙的時候，但是，壞人不一定做一輩子的壞事，好人也不一定會一輩子都做好事。

習慣的力量

習慣就是一個人平常的行為舉止不斷重複，所自然而然形成的一種固有慣性，它會影響到一個人的心靈及行動。

——澀澤榮一

習慣就是一個人平常的行為舉止不斷重複，所自然而然形成的一種固有慣性，它會影響到一個人的心靈及行動。比如，壞習慣多的人時間長了就成為了惡人；好習慣多的人時間長了就成為了善人。所以說，習慣會影響到人的性格。

而且，習慣不只是自己的事情，它還會感染給他人。因為人總是自然而然的模仿別人的習慣，所以習慣的擴散力很強，這不僅指行善的方面，作惡的方面也一樣。因此，一定要格外警惕，比如以言語動作來說，甲的習慣傳給乙，乙又傳給丙，這種例子絕不稀奇。

再舉一個較顯著的例子，最近在報紙上經常可看到的一些新詞，甲報上剛登載了，乙報、丙報、丁報立刻就會轉載，不久就成了社會上的一般用語，都見怪不怪了。像「時髦」、「成金」（發財之意）等用語就是例子。女人間的用語也是這樣，像近日女學生之間頻頻出現「好×好×」、「就是這樣×」等用語，就是一種談話習慣，經由傳播而廣為流行開來的新語。再如從前沒有「實業」這個名詞，但在今天已變成習慣用語了，一說到實業，人們馬上就聯想到了工商業。又如「壯士」一詞，從字面上理解，是指壯年人的樣子，但在今天，稱呼老年人也可以叫做壯士，這一點都不奇怪。由此可見，習慣的傳播力和感染性是如何厲害；由此可以推測一個人的習慣也有可能變成天下的習慣。所以，對於習慣的養成，要特別注意，並且還應自重。

習慣尤其在少年時代更為重要。從記憶力方面來說，少年時代記在頭腦中的事情，到了老年以後還能記得一清二楚。我的一生之中，就是少年時代所記憶的事情最為清楚，當時所讀過的書或歷史，現在仍然記憶猶新。如今上了年紀，昨天看過的書今天就忘記了，而且忘得一乾二淨。

因此，習慣的養成，最重要的就是在少年時代。此時一旦養成習慣，一輩子都不會改變。而且，在少年期到青年期這個時間段，也最容易改變習慣，因此，在這個時期中，要盡量培養良好的習慣，並且形成自己的個性。我在青年時期就離鄉背井，浪跡天涯，因而養成了比較放縱的生活習慣，以致日後一直為不能改正這個壞習慣而苦惱，還好我每天都有改善的念頭，終於矯正了大部分壞習慣。明知不好還不改正，那是因為沒有足夠的克己能力。根據我的經驗，老年後仍然要注重培養和矯正習慣。老年時如果肯努力，青年時養成的惡習，還是可以矯正的。所以，處在今天這個嶄新的社會中，我們更要有這種自重的決心，並持之以恆。

習慣一般都是在不知不覺中養成的，在重要時刻還是可以改變的。比如，習慣於睡懶覺的人，平時早上起不來，但要是遇到了戰爭或碰到了火災，再怎麼愛睡懶覺都一定能早早起來。可見習慣都是因為輕視養成的，在日常生活中認為小事微不足道，我行我素，習以為常就形成了習慣，所以，男女老幼都要用心警惕，養成好的習慣。

偉人和完人

常識的性質是極為平凡的，對喜愛標新立異、行動奇巧的年輕人來說，讓他們朝著偉人的方向去發展，他們會很願意，而讓他們去做完人，去學習、培養這種平凡或常規，他們會感到非常的痛苦，這是年輕人的通病。

——澀澤榮一

史冊中記載的英雄豪傑，多數人在智、情、意三方面都不平衡，也就是說他們意志堅強，但智慧不足，或意志和智慧兼備，可惜卻缺乏人情與愛心。像這樣性格不健全的人，在這些英雄豪傑之中，比比皆是。這樣的人，英雄也罷，豪傑也罷，都不能稱為有常識的人。當然，單就某一方面來說，他們的確有偉大之處，這是普通人無法做到的，但偉人卻不是完人，他們是大不相同的。偉人只是具備做人應有的全部性格中的一部分，雖有缺陷，但卻有著超越他人的優點，可以充分補救其缺陷。雖然他的優點補救了他的缺陷，但是這樣的人與完人比較，還是有一些差距的。所謂完人就是智、情、意三者全部具備的人，也就是具備完整常識的人。對於我來說，我希望社會上能夠輩出偉人，而對於社會上的大多數人來說，卻更希望自己可以成為完人，也就是希望社會上盡可能多的出現具備完整常識的人。偉人對社會的作用不是無限的，也不是必要的，而完人對於我們的世界卻是必要的，不可缺少的。社會發展到今天，百業俱興，如果擁有大量掌握豐富常識的人繼續勤奮的工作，那麼，社會就不會有欠缺，而偉人只在某些特殊的情況下才會需要他們，正常的情況下沒有必要。

人在青年時期，一般思想不穩定且容易變化，好奇心重，並且常常會做出讓人感到意外的事情。隨著年齡的增長，經歷的事情多了，他也逐漸穩健扎實起來，不再像年輕時那樣心浮氣躁了。然而，常識的性質是極為平凡的，對喜愛標新立異、行動奇巧的年輕人來說，讓他們朝著偉人的方向去發展，他們會很願意，而讓他們去做完人，去學習、培養這種平凡或常規，他們會感到非常的痛苦，這是年輕人的通病。然而，一個國家要達到政治理想，國民的常識就必須提高；產業要繁榮進步，實業家的常識就必須不斷的完善。何況，根據社會的實際情況，政界也好，實業界也罷，在處理人民大眾、社會事務的時候，真正做出決斷的人，不是那些具有深奧學問的人，而是具有完整常識的人。可見常識是多麼的重要啊！

似是而非的親切感

判斷人的行為是善是惡，必須把他做事的動機和行為結合起來，才能夠做出正確的判斷。

——澀澤榮一

在社會上有這樣一種現象，有些人冷酷無情，毫無誠意，行動怪誕，做事不認真，可他們卻常常受到社會的信賴，戴上成功的榮冠。相反的是，一些做事認真，誠樸篤實，行事忠恕的人，反被世人疏遠而變成社會的落伍者。難道這就是天道嗎？這個矛盾現象是一個值得研究的有趣問題。

判斷人的行為是善是惡，必須把他做事的動機和行為結合起來，才能夠做出正確的判斷。不管他做事的動機是如何的認真、忠恕，但如果其所表現的行為是遲鈍或放肆的，那麼他就成不了大事。雖然做事的動機是要為別人好，結果反而害了別人，這不是善行。記得以前的小學課本內有一篇「愛之反而害之」的故事，內容是說有個小孩看到小雞孵化很困難，無論如何掙扎都不能掙脫身上的蛋殼，小孩便幫小雞把蛋殼剝下來了，結果反而害死了小雞。

在孟子的書裏面也有很多類似的故事，文句雖然記不牢了，但意思還是記得的。有一則說，有人出於好心要為別人出主意、獻計策，打破人家的大門，闖到了屋子裏，這個作法真叫人難以忍受。另一則是梁惠王向孟子問政事，孟子說：「**庖有肥肉，廏有肥馬；民有饑色，野有餓殍，此率獸而食人也！**」孟子的意思是用刀殺人和用政治殺人性質是一樣的。又一則是孟子與告子論不動心術時所說的一句話：「**不得於心，勿求於氣，可；不得於言，勿求於心，不可。夫志，氣之帥也；氣，體之充也。夫志至焉，氣次焉，故曰：持其志，無暴其氣。**」這就是說志是心的根本，氣是心在外部行動的表現。做事的動機雖是出於善意，也合乎忠恕之道，但往往會因一時衝動而得到不是出於自己本意的結果。因此堅持本心，不衝動，不因發怒而做錯事，這要靠不動心術的修養。孟子善養浩然之氣，能夠促進不動心術的修養。但凡人平常總容易做錯事情。

孟子舉了一個例子說：「有個宋人想讓自己地裏的禾苗長得快些，便把禾苗一棵棵拔高，忙了一天，回去告訴兒子說：『今日真是累，我幫助禾苗長高了！』兒子跑到地裏一看，禾苗都枯死了。」要使禾苗成長，必需澆水、施肥、除草等等，還需要時間，但為了急於成長而將苗拔起，那就錯了。孟子的不動心術，可不可行暫時不管，但在人世間上，像這種揠苗助長的行為是不好的。由此可以推知，不管一個人做事的動機如何善良，且符合忠恕之道，但其行為如果無法與之配合，社會上又有誰敢信賴你呢？

相反的，做事的動機雖有些不純正，但其行為機敏忠實，足以得到人們的信任，那麼這個人就會成功。所以，雖然動機不純，行為正直，這種情況嚴格說起來好像不合道理，但如「就是聖人，只要欺之以道，還是容易得逞」那樣，在實際社會裏，與其說是人心之善惡，不如說是其所作所為之善惡才被看重。換個說法，與其說是心地善惡，不如說是行為之善惡才比較容易判別的關係，所以還是所作所為敏捷活潑而善良的人，才容易得到人們的信賴。

例如，幕府將軍吉宗郎①巡視地方時，有一個孝子背著老母親站在路邊參觀出巡行列，得到了將軍的褒賞，一個不務正業的無賴漢，聽到這個故事之後，便效法孝子，隨便借了個老嫗背著，站在路旁拜觀，企圖得到褒賞，吉宗公照賞不誤。跟從將軍的屬下當即揭穿此人的偽裝，並提出異議，但將軍說，雖然他是假裝的，但所仿冒是孝行就值得獎賞。孟子曰：「西子蒙不潔，則人皆掩鼻而過之。」這是說即使是傾城傾國的美人，如果蒙羞受辱而污穢了，也沒有人願意接近她。同時，內心如母夜叉而外表婀娜多姿的女人，會在不知不覺之間迷惑著眾人，這是人之常情。所以說行為的善惡遠比動機的善惡易被人察覺。巧言令色易感動人心，忠言往往逆耳。心志忠恕、認真負責的人被貶黜，也只能哀嘆一句「天道寧論」而已。相反的，投機取巧、八面玲瓏的人卻容易成功的騙取人們的信賴。

【注釋】

①吉宗郎：德川首宗（一六八四年—一七五一年），日本江戶幕府的第八代將軍。

何謂真才真智

任何一個人立身處世，都需要智慧，並不斷的增加，這是最重要的一件事。

——澀澤榮一

子曰：「道不行，乘桴浮於海。從我者，其由與？」子路聞之喜。子曰：「由也好勇過我，無所取材。」

——《論語・公冶長》

任何一個人立身處世，都需要智慧，並不斷的增加，這是最重要的一件事。無論是為了個人的發展，還是為了國家的利益，如果沒有智慧，都一樣沒有辦法進行。但是，在充實知識之前，我們先得培養人格。我認為培養人格也是一項非常重要的舉措，只是我也不知道應當怎樣給人格下定義。那些極少數可以稱得上沒有常識的英雄豪傑，卻都有崇高的人格。人格與常識一定要一致嗎？有人在社會上是個完全有用的人，於公於私都受到重視，大多數這種有真才智的人，他們的常識都很豐富。

但對於常識的增長，最重要且非注意不可的是自己的境遇如何，若以格言式的文字來表示，則可以寫為：「人務留意一己之境遇」，也許這個寫法並不恰當，因為我對西洋的格言不太清楚，所以常常以引用東洋的格言為例。論語中有很多適用於各種場合的關於「要注意自己境遇」的教訓，其中有大事也有小事，不勝枚舉。因能注意及此而成為至聖先師的孔子，他很用心，時常注意是否適合他自己的境遇這件事情。對於他人，當孔子發現所作所為不適合其境遇時，他就不予贊同。

舉一個例子說明，孔子曰：「道不行，乘桴浮於海，從我者，其由與？」以此對子路說，子路聽了很是高興。實際上，孔子似乎有點用心不正的樣子，但子路以為這既然是夫子他自己的提議，所以也就放心了，樂不可支的表示願意隨行。可是孔子從子路的喜悅程度看到子路似乎還不瞭解自己的境遇，所以孔子才繼續說：「由也，好勇過我，無所取材。」告誡子路要考慮自己的處境。一聽「乘桴浮於海」雖很高興，但子路如果能夠知悉自己的處境，他可以這麼說：「這樣也好，只是要浮於海的話應該如何取材才好呀？」如此答覆孔子，則孔子一定會感到子路已經領會了自己的心意，也許孔子會接著說：「那麼我們去朝鮮或日本吧！」也未可知。又有一次，孔子要他的弟子們各言其志向。子路率先回答說：「給我一個千輛兵車的中等國家，我治理三年後，可以使老百姓人人勇武，並且明白什麼是道義。」孔子輕輕的一笑，沒有做什麼評價。最後，孔子問正在鼓瑟的曾皙說：「曾皙，你有什麼打算呢？」曾皙說：「我想我與他人不同。」孔子說：「不同也可以說說看。」於是，曾皙說：「在春光和熙的日子裏，換上輕盈舒適的春裝。邀集五六位朋友，領著六七個天真爛漫的孩子，在沂水裏游泳，在岸邊踏青散步，在舞雩臺上吹風乘涼，然後一路唱著歌回家。」聽到曾皙的話後，孔子感嘆的說：「我和曾皙想的是一樣的。」弟子都走後，曾皙問孔子為什麼笑最先回話的子路呢？孔子說：「治理國家應該推崇禮讓，可是他的話卻一點也不謙遜，所以笑他。」大概是在笑子路對於自己的境遇，身分地位沒有自知之明，不能自己定位吧。

有時，孔子也有極為自負的語言出現，例如桓魋要殺孔子時，眾門人都感到恐怖，孔子卻說：「上天賦予我這樣的品德，那桓魋又能把我怎麼樣？」泰然自若，不憂不懼，很明白自己的境遇。當孔子由宋歸國途中，被很多人包圍，將要被害時，門人都很害怕，孔子說：「天若要湮滅這種文化，那我也就註定不可能聽聞了。上天如果還不願讓這種文化消失，那麼匡地的人又能把我怎麼樣呢？」臨危不懼，不動如泰山。有一次，孔子去太廟，每件事都要問，有人感到奇怪說：「誰說孔子懂得禮呀，他到了太廟裏，什麼事都要問別人。」孔子聽到此話後說：「這就是禮啊！」孔子清楚的認識自己，正是對人生處世道理的正確運用。

如此看來，孔子之所以能成為聖人，可能就是因為對於瑣細小事，他也毫不怠慢。我們大家每一個人都能像孔子那樣當一個聖人嗎？雖然我知道這是不可能的事，但如能注意、不要弄錯自己的境遇與身分地位，則成為中人以上的人還是沒有困難的。然而，世上的人往往背道而馳，稍有些成就，便得意忘形，忘記了自己的境遇，而做出與自己的身份不合的事來。一旦遭遇困難，便失魂落魄，終致喪失一切。這種驕其僥倖、哀其禍災的態度是庸凡之人的通病。

動機與效果

在判斷一個人的行為是善還是惡之前，我們一定要先非常仔細的參酌他的心志與行為的分量與性質。

——澀澤榮一

我最厭惡心志不正的輕薄才子。儘管他表現得非常巧妙，但畢竟不是出於真心，所以我不願與他們為伍。然而人不是神，單從外表行為很難看透一個人的內心意志，所以在不知其心志的情況下，容易被行為巧妙的人所利用。根據王陽明的知行合一與致知良學說「凡是內心所思一定會表現在其外在行為上」來看，心志善良的人，其行為也必定善良，行為不好的人，其心志也一定不好。但在我這個外行人看來，並不完全正確，心志善良也有行為不好的可能，行為善良也有心志不良的可能。我一點都不懂西洋的倫理學與哲學，只能根據四書及宋儒的學說對人性的理論與處世的道理作一點研究而已。沒想到的是，我的上述意見竟與保爾遜①倫理說不謀而合。他說，英國的倫理學者米爾黑德②曾經講過，只要動機善良，其結果即便不好也沒有關係，這是一種動機說。

比如克倫威爾③，為了解救英國的危機，弒殺了昏愚君主，自己坐上了皇帝的寶座，這種行為在倫理學上不被認為是壞事。在今天被當作真理的保爾遜倫理說，認為動機與結果即心志與行為，在分量與性質上仔細考量之後，才能定論善惡。比如，同樣是為了國家而作戰，有的是為了擴張領土的侵略戰爭，有的是為了保衛國家利益的正義戰爭。再從主權者的立場來說，他的政策是為了國家為了國民的利益而發動戰爭，如果他選錯了開戰的時間，那麼他的行為就是可惡的，但如果他誤打誤中，連戰連勝，使國家得到富強，人民有了福利，那麼他的行為就不能不說是好的了。前例中的克倫威爾解救英國的危機，其行為誠然是善的，但如果他的行為使國家陷於滅亡的話，其所做的一切仍然屬於可惡。保爾遜之說到底是一種真理嗎？我實在難以理解，但是與其贊成米爾黑德的學說，認為心志善良，行為就必定善良，還不如認為「把內心的志向與外表的行為兩相比較考量之後，才來論定其善惡」較為正確。

我經常接見一些客人，把回答他們的問題當作一種義務，很親切的接待他們，這與受人請求後不得不幫忙，半推半就的做了，雖同屬一件事情，但其心志與動機卻大不相同。同樣的道理，有時雖然心志相同，但因時間與地點不同，行為也迥然不同。就好像土地有肥沃的也有貧瘠的，氣候有寒冷的也有溫暖的一樣，人的思想感情也有不同的時期，所以雖然我一直以同一志向處事，但因對象情況不同，我們的行為和結果也大不一樣。因此，在判斷一個人的行為是善還是惡之前，我們一定要先非常仔細的參酌他的心志與行為的分量與性質。

【注釋】

①保爾遜（Paulsen Friedrich，一八四六年—一九〇八年）：德國哲學家。

②米爾黑德（Muirhend，一八五五年—一九四〇年）：英國哲學家。

③克倫威爾（Cromwell，一五九九年—一六五八年）：英國政治家、軍人、清教徒。

人生在於努力

人生在世，一個人要想成功智慧是不可或缺的必要條件，即要想成功一定要先有學問。

——澀澤榮一

子路使子羔為費宰。

子曰：「賊夫人之子。」

子路曰：「有民人焉，有社稷焉。何必讀書，然後為學？」

子曰：「是故惡夫佞者。」

——《論語・先進》

我今年（大正二年）已經七十四歲了。這幾年，我一直盡量避開處理雜務，可是，也不能完全閒散下來，我還得照料自己一手創辦的銀行。所以，雖然上了年紀，仍然照常在活動。人工作不分年老年少，失去了努力奮鬥的進取心，這個人就不會發達，同樣的，一個國家如果充滿這樣不思進取的國民，這個國家當然也不會繁榮昌盛。我一生兢兢業業，自勉自勵，做事盡忠職守，一點都不敢懈怠。

每天早晨都在七點以前起來，盡量接見來訪客人，不管一天來多少人，只要有時間，一律接見。

我這樣一個已過七十的老人，尚且不敢有懶散怠惰之心，希望年輕人能夠更加謹慎，長思長進。因為惰性會蔓延，開始就懶散怠惰就會一直懶惰下去，最後也絕不會有好結果，坐著做事情比站著做舒服，但坐的時間長了，膝蓋會痛，躺下來做事情更舒服，但躺的時間長了也會腰酸背痛，怠惰的結果終究是怠情，時間長了，不但一無所得，而且會加速落後，不進反退。因此，每個人都應該養成勤奮努力的好習慣。

人們常說必須增長智慧了，或必須瞭解時勢了。誠然這些都是很必要的事情，但要想加大對時勢的認識，正確對事物做出選擇，你必須先增長智慧，不學習知識，增長學問是不能如願以償的。即使這樣做了，智慧達到了一百，但如果不能夠靈活運用，那麼有再多的知識也都是死的。要想靈活運用智慧，應先學習實踐，努力推行。如果只是一時興致所為，也沒什麼用處，這一定要持續不斷的堅持，做到終生學習，才會有結果。一般上進心強的國家，國力會越來越雄厚。相反的，懈怠心盛的國家，其國力會越來越衰弱。現在，我們的鄰國中國，就是一個不求上進的好例子（此話說於一九一三年，指晚清——編者注）。所以，每一個人都要認真學習，使得各鄉各鎮之間，全民上下都能享有美風的薰陶，好使國家能在其美風之下，同享造化。如果各國都能認真學習，那麼，個人的努力，不只是為自己一個人的幸福而已，他是在帶給一鄉、一國，甚至整個天下更大的福利，所以每一個人都要擁有一顆努力、上進的心，這實在是太重要了。

人生在世，一個人要想成功，智慧是不可或缺的必要條件，即要想成功一定要先有學問。但認為只要有學問就能馬上成功又是對成功極大的誤解。論語中有個例子：子路曰：「有民人焉，有社稷焉，何必讀書，然後為學？」子曰：「是故，惡夫佞者。」這個意思是說「只逞口舌善辯，不實踐道理是不對的」，我很贊同子路的話：不要以為只有在書桌上讀書才是真正的研究學問。

總而言之，「凡事決勝於平常如何作為」。我們用醫生與病人的關係來舉例說明，平時不注意衛生，生病了就馬上去找醫生，因為醫生的職責就是醫治病人，所以，什麼時候都應該替患者治病，這樣想就大錯特錯了。醫生一定會勸你平常要多注意衛生。因此，我希望所有的人要努力學習，同時，在平時就要多加注意一切事物。

就正避邪之道

無論什麼事情平常都要注意不斷的鍛鍊，使其成為一種習慣，這樣一旦有了狀況，你才能安然自若，泰然處之。

——澀澤榮一

子曰：德之不修，學之不講，聞義不能徙，不善不能改，是吾憂也。

——《論語・述而》

凡是能夠對事物做出判斷，經常說「要這樣」、「不要那樣」的人，一定是正邪曲直非常明瞭的人，因為他懂得當機立斷。但有時候有些事是不能果斷的，比方說，有人用花言巧語做前鋒，用大道理做後盾來勸誘我們做一件事時，我們會在不知不覺之間放棄自己的主張，而聽從對方的話。我們在無意之中，就這樣違背了自己的本來心意，如果在這緊要關頭，我們能夠保持頭腦冷靜，不忘卻自己的主張，就不會迷失自己，這是最能鍛鍊意志的地方。如果遭遇到這種情況，你應該用常識的方法先把對方講給你的話，自問自答一番，這樣做就比較妥當了。

結果可能會有以下幾種情況：

一、聽從對方的話，開始可能會得到利益，但時間長了，就會出現不利情況。

二、對方的建議，目前可能看不到好的效果，但時間長了，就會產生利益。如果能夠這樣思考，你就不會再迷惑，並且可以按照你的本意去做事情。我認為這也是鍛鍊意志的好方法。

簡單的說，意志的鍛鍊可分成善惡兩類。比如石川五右衛門[1]（江洋大盜）是一個在做壞事方面意志相當堅強的人，他就是經過壞的意志鍛鍊法訓練出來的。雖然鍛鍊意志非常必要，但沒有必要去鍛鍊壞意志，我也沒有為此專門立論著書的想法。可是，如果我們採用背離常識的鍛鍊法，會導致錯誤判斷，說不定會產生第二、第三個石川五右衛門。所以，在開始鍛鍊意志之前，應該先訓練對常識的判斷，這是很重要的前提。

用這種方法鍛鍊出來的人，用心處世待人，不會有過失。

這樣看來，鍛鍊意志一定要有常識的配合，有關常識的培養，其他文章已有詳細的講解，在此從略。不過，根本的出發點依然是在孝悌忠信，即本著忠孝二字去培養意志，凡事循序而進。

不管做什麼事，記住一個原則：深思熟慮以後再做決定。

我認為這是鍛鍊意志的最高境界。但不是每一件事都一定有充分的時間可以讓你去思考，事情會突然發生，或者遇到不速之客，你必須馬上做出應答，根本就沒有時間去充分的考慮，如果你平時常漫不經心，疏於鍛鍊，那就很難當機立斷。進而，也許就會產生一種與你心意完全相反的結果。所以，無論什麼事情平常都要注意不斷的鍛鍊，使其成為一種習慣，這樣一旦有了狀況，你才能安然自若，泰然處之。

【注釋】

① 石川五右衛門（一五五八年—一五九四年）日本安土、桃山時代的一個大盜。

第四章

仁義與富貴

與過去相比，現在的社會，知識有了顯著的發展，具有高尚思想感情的人也多了。換句話說，一般的人格都逐漸提升了，所以對金錢的想法也有相當的進步，用光明正大的方法來獲得收入，把金錢也用在正道上的人也多了，對金錢也有了正確的認識。可是，人性有其弱點，有些人在利慾薰心之下，很容易產生富貴第一、道義第二的錯誤思想。當此思想發展嚴重了，就會有金錢萬能的想法，而將十分重要的精神問題棄之不顧，成為物質的奴隸。

真正的生財之道

真正的謀利，需要以仁義道德為基礎，否則，既使能謀利，也不會長久。

——澀澤榮一

子曰：「不仁者，不可以久處約，不可以長處樂。仁者，安仁。知者，利仁。」

——《論語・里仁》

究竟什麼是實業呢？實業即一切以營利為目的買賣商業、生產工業。如果工商活動不能增加財貨利潤，工商業就毫無意義，也不可能產生任何公益。雖然是圖利，但如果是只圖一己私利，不管社會公益，我們的社會將變成一個什麼樣的情況呢？也許我所講的有點深奧難懂。假如事情真的到了這種地步，其結果必然變成像孟子所說的「何必曰利，亦有仁義而已矣」、「上下交征利而國危矣」、「苟為後義而先利，不奪不饜」等等的情況了。所以，真正的謀利，需要以仁義道德為基礎，否則，既使能謀利，也不會長久。這是我的信念。我這樣說，有時難免被人誤解，認為我是在主張薄利、寡欲，或超然物外。多站在別人的立場想想，多為社會的公益想想，只想著自己的利益、欲望的人是低俗的。社會缺少了仁義道德就會慢慢的衰微。

以下的話多少有點像學者的口氣，中國的道學，特別是一千年前宋朝的學者，他們的主張一如今日日本社會所走的路線，他們宣導講仁義道德，緊接下去應該推行使社會前進，百姓富裕的政策，但這一道理卻完全被宋朝學者丟棄了。利益和仁義道德要相輔相成，缺一不可，宋朝學者顧此失彼，他們只知偏重仁義道德的空泛理論，不顧利、欲的正面效用，鼓勵寡欲導致了民窮國弱，元人入侵，禍亂紛呈，大好中原最後被夷族統一了，這是宋朝末年的悲慘教訓。

由此可知，空洞洞的仁義道德如果沒有利益相輔，也會損傷國家的元氣，減弱社會的生產力，最終導致國家滅亡。所以，仁義道德本來是很好的，可如果宣導不當就會導致國家滅亡。那麼是不是說我們就要採取利益主義，只要對自己有利，就可以隨心所欲，不管他人的死活呢？日本的鄰國有一部分，在元朝時代是這樣做的：不管別人怎麼樣，自己好就可以了；不管國家怎麼樣，自己沒事就好了，至於政府如何喪權辱國才不在乎呢。在追求個人的利益時，社會的前途、國家的命運都被拋到九霄雲外。宋朝偏重空洞的仁義道德而亡國，現在的利己主義又危及到社會和國家。這種情況不獨發生在日本鄰邦，其他國家也都一樣。謀取利益與仁義道德二者相輔相成，國家才能繁榮昌盛，個人才能有榮華富貴。

試舉例說明。經營石油、製粉或人造肥料等業務的人員如果沒有追求利益的觀念，一切聽其自然，而不好好經營管理的話，這些事業絕對不會賺大錢。假如說是因為所從事的工作與自己沒有利害關係，別人賺錢還是賠錢，都對我沒有影響，那麼，你所從事的工作就不會有所進展。但是，如果是自己的事業，就想辦法使其順利發展，這是不爭的事實。如果人人抱著這樣的觀念，不顧社會的發展，只想著自己的利益，那結果將會怎樣呢？那一定是大家都沒有好日子過。只想著自己一個人獲利，結果卻使自己跟著一起遭受損失、蒙受不幸。以前社會還不先進，有時會遇到「僥倖」，但隨著社會的進步，凡事都要遵守一定的秩序，才會互相得利。舉例說，火車站的檢票口是狹窄的，如果人人都不遵守秩序，爭先恐後的急欲搶先通過，結果誰都走不過去。我舉這樣一個貼切的例子，就是說，如今只考慮自己的利益，最後誰也得不到利益。因此我希望人們有求得更多利益的欲望，但在追求利益和欲望的過程中，要經常保持互惠互利的原則。這個道理就是與仁義道德相符合，如果不能互相配合，其結果就是空談理論。只重道理，不顧利害，人們將踏上宋朝亡國的覆轍；只偏重欲望，不顧道義，人們將陷於「不奪不饜」的深淵而萬劫不復。

效力的有無在於人

錢本身沒有判斷善惡的能力，善人使用它就表現為善，惡人使用它就表現為惡。一切決定於金錢的擁有者的人格是善還是惡。

——澀澤榮一

子曰：「富而可求也，雖執鞭之士，吾亦為之。如不可求，從吾所好。」

——《論語・述而》

自古以來就有不少「錢是貴重的」、「必須尊重錢」等關於金錢的格言和俚諺。有詩這樣寫「世人結交以黃金，黃金不多交不深」，這裏說黃金的力量真是太大了，甚至能夠支配形而上的精神——友誼。在東洋社會從古至今一直都是重精神、輕物質，然而在這樣的社會中，友情都會被黃金左右，我們可以想像人情的墮落是多麼的嚴重，這真叫人寒心。可是這又是日本社會經常遇到的問題。例如親朋好友在一起聚會，人們一定會聚餐痛飲，因為一起吃飯談話有助於增進友情。好長時間沒有見面的老朋友突然來訪，如果不準備些酒食招待，似乎很難說得過去，而這些事情都和金錢有關係。

俚諺說：「捐多少錢，便得多少功德」，投一塊錢在功德箱裏就積了一塊錢的功德，投兩塊錢就積了兩塊錢的功德，放的錢越多所積的功德便越多。又有「有錢能使鬼推磨」，這句話雖然很諷刺人，但也很貼切的表現出錢的巨大威力，錢能夠通天呀！舉個例子來說，到東京火車站買車票時，不管你是多大的官，只要你買的是普通票，就只能坐普通車廂；又不管你身份多麼的卑微，只要你買的是頭等車票，你就能坐頭等車廂，這完全是錢的效能。總而言之，錢有巨大的力量，不管你承認不承認都是事實。雖然，你有再多的金錢也不能改變辣椒是辣的本性，但是用錢買來的糖卻能掩蓋辣椒的辣味，使其變甜。同樣的道理，平時呆板嚴肅，滿臉不悅的人，一看見錢馬上就會變得和藹可親，這在社會上很正常，在政界更是屢見不鮮。

這樣看來，錢真的是有巨大的力量。錢發揮善的作用還是惡的作用，完全在於擁有者如何使用，並不在錢的本身，所以對於錢的功過善惡很難下結論。錢本身沒有判斷善惡的能力，善人使用它就表現為善，惡人使用它就表現為惡。一切決定於金錢的擁有者的人格是善還是惡。所以我常常向人推介昭憲皇太后（明治天皇皇后）所御詠的一首歌：「心地好，黃金是財寶；心機壞，黃金帶災害。」我很讚賞她在這首歌中所表達的深刻含義。

世人知道有人會惡用金錢，因此，古人告誡說：「**小人無罪，懷玉其罪。**」又說：「**君子財多損其德；小人財多增其過。**」《論語》中有：「**不義而富且貴，於我如浮雲。**」還有：「**富而可求也，雖執鞭之士，吾亦為之。**」《大學》有：「**德者本也，財者末也。**」像這樣的格言還有很多。我說這些並不是說要輕視金錢，而是要在處世中成為一個合格的人，就必須先對金錢的使用有所覺悟。關於金錢的訓言，也要仔細的體會。究竟應該怎樣使用在社會上有如此大力量的金錢？我認為過於重視金錢是錯誤的，過於輕視金錢也是不正確的。孔子說：「**邦有道，貧且賤焉，恥也；邦無道，富且貴焉，恥也。**」孔子絕不贊同貧窮，只是「不以其道，得之不處也」如此而已。

孔子的理財富貴觀

如果是用正當的方法求財富，即使是做身份卑微的人做得事情，我也願意，這句話中暗含著一個前提，就是「要用正當的方法求取」。

——澀澤榮一

子曰：「富與貴，是人之所欲也。不以其道得之，不處也。貧與賤，是人之所惡也。不以其道得之，不去也。君子去仁，惡乎成名？君子無終食之間違仁，造次必於是，顛沛必於是。」

——《論語・里仁》

儒者對孔子的學說歷來便有所誤解，尤其對富貴的觀念與錢財的思想誤解最深。在他們的解說中「仁義王道」與「錢財富貴」二者是水火不容的。所以他們認為孔子會說諸如「富貴者無仁義王道之心，君子如欲立志行仁，理當捨棄富貴之念」等類的話。但我找遍論語二十篇，也沒有找到此意思的句段。孔子對富貴、錢財說過一些論斷。可是孔子所說的，只是從側面點到而已，後來的儒者僅憑「一面之詞」無法完全理解孔子的真意，以致向社會傳播了錯誤的觀念。

我舉一個例子，孔子在論語中說：「**富與貴，是人之所欲也。不以其道得之，不處也。貧與賤，是人之所惡也。不以其道得之，不去也。**」從表面上看這一句話，好像是在輕視富貴，但如果仔細思考，便可知這句話毫無輕視富貴之意。如果只是簡單的理解為孔子厭惡富貴，那就是極大的誤解了。這句話的主旨是在告誡人們不要以不正當的方法求富貴，要以合乎仁義道德的方法去求富貴。所以孔子並沒有賤視富貴、推崇貧窮的意思。如果想正確理解這句話的意思，一定要注意「不以其道得之」這一句話，因為這句話是整個意義的關鍵。

我再舉一個例子，還是《論語》中的話，「**富而可求也，雖執鞭之士，吾亦為之。如不可求，從吾所好。**」這句話在一般情況下，也被人誤解為賤視富貴的說詞。如果正確理解的話，可知句中毫無輕視富貴的意思。如果是用正當的方法求財富，即使是做身份卑微的人做得事情，我也願意，請注意這句話中暗含著一個前提，就是「要用正當的方法求取」。這句話的下半段說，如以正當的方法不能得到財富的話，不要用卑鄙的手段去強求富貴，寧可捨棄它去安貧樂道做自己想做的事情。所以孔子並不是鼓勵人要自求貧窮，而是不要去求不合正道的富貴。如果有人武斷的說，孔子為了財富，連卑賤的執鞭者也做過，世上的道學先生一聽此說，肯定會大吃一驚。

不過孔子所說的富是絕對正當的富。不正當的富，不合於理的功名，對孔子就是「如浮雲」般不屑一顧。可悲的是，後世的儒者沒有全然理解孔子的意思，只要是富貴功名，不管善惡，一律惡視之！這真是太輕率下結論了，我認為只要是合乎正道的富貴與功名，孔子也會積極爭取的。

救貧之道

一個人的財富越多，他從社會所獲得的助力一定也越多，那麼，他所應該回饋社會給他的恩惠也應該越多。

——澀澤榮一

子貢曰：「如有博施於民而能濟眾，何如？可謂仁乎？」

子曰：「何事於仁，必也聖乎！堯、舜其猶病諸！夫仁者，己欲立而立人，己欲達而達人。能近取譬，可謂仁之方也已。」

——《論語・雍也》

我一直認為救貧事業必須從人道上和經濟上去考量，但現在，我發現還必須進一步同時從政治上去著手。我的一位朋友，前幾年前往歐洲考察貧民救濟措施，他去了一年半的時間。我很關心這位友人的出國考察，曾給予他一些幫助，他一回國，我就邀集了幾位趣味相同的朋友，都是些對救濟事業熱心的人士，請他做了一次報告演說。據他說，英國對貧民的救濟工程已經實施了三百多年了，到現在也不過才做好一些準備工作。丹麥的救濟工程，其措施比英國更完備，其他的像法、德、美等國也各以其不同方式，實施著救貧活動，他們對貧民的救助決心很大，沒有絲毫的遲疑，一點也不敢忽視。聽了他的報告之後，我們瞭解到在救貧方面做得還不夠，我們所做的一切工作，海外各國都做了，並且比我們做得更早。因此，我想，鑑於海外的情況，我們更應該大力去做好向來我們所致力的事業。

在這個報告會上，我也向與會人士陳述了我個人的意見。我說「不管是從人道方面來說，還是從經濟方面來看，救助弱者都是應該的，就是從政治上來講，我們更應該保護弱者。但是我們的救助，並不是要讓他們徒食悠遊，那樣做是浪費金錢，容易讓他們懶惰，不會產生好的效果。我們要盡量避免採用直接的救助，要採取治本的防貧措施。比如減輕下層階的租稅，再比如解除食鹽的公賣。」這次的報告會是由中央慈善協會舉辦的，大部分會員都能理解我的看法，現在大家都在研究討論具體的救濟方法，並從各方面共同進行調查。

個人的財富是自己辛苦賺來的，可是如果認為個人的財富是自己一人專有的，那就大錯特錯了。你想想，如果單憑你一個人，你能夠成功嗎？你能成什麼事？如果沒有國家和社會，你會賺到錢嗎？沒有國家和社會，任何人都不能很愜意的在立身於人世間。所以，我認為一個人的財富越多，他從社會所獲得的助力一定也越多，那麼，他所應該回饋社會給他的恩惠也應該越多。所以參加救濟事業，是他應盡的義務。我認為不僅富者應踴躍參加救濟事業，回饋社會和國家，只要是有能力的人，都應該為社會貢獻一份力量。所謂「己欲立而立人，己欲達而達人」就是要人們用愛自己的心去愛社會。我要強調的是：特別有錢的人更應該關注這一點。

天皇陛下憂國憂民，今年秋天，特發諭示要為貧民救濟事業破例發放貧困救恤金。對天皇陛下這一皇恩浩蕩的聖旨，我想富豪們心內一定也會感慨萬千，想著應該如何回應，以報聖恩。救貧事業能上軌道，是我三十年來一日都不敢忘懷的願望，現在我的願望總算達成了。我們長期堅持不懈的努力，現在又得到了天皇陛下的支持，日本救濟事業必將大放光明。思念至此，內心的愉悅簡直是難以形容。我心中十分關心，用什麼樣的方法才能使救濟事業做到適宜，如果我們的方法使乞丐從一夜之間變成了富翁，那這樣的慈善不是慈善，救濟也不是救濟。還要注意的是，如果富豪們能夠誠心誠意的響應陛下的仁慈而捐獻資金，加入慈善事業，那就更好且值得稱頌，如果只是為沽名釣譽才慷慨解囊，那就不值得贊許了。缺乏真誠之心的慈善事業，結果反而會造就壞人。總而言之，富戶豪門應當把此當作他們對社會應盡的義務，這樣做才符合天皇陛下的意旨，才能維持社會秩序的安定，才能為國家的安寧做出一份貢獻。

金錢無罪

對於金錢，如果沒有相當的覺悟，就可能會陷於意外的過失之中，導致失敗。

——澀澤榮一

子曰：「放於利而行，多怨。」

——《論語・里仁》

陶淵明有詩：「**盛年不重來，一日難再晨**」，朱子有警句：「**少年易老學難成，一寸光陰不可輕**」，這都是在勸戒世人要珍惜光陰，尤其要珍惜容易沉湎於空想、易陷入誘惑之中的青年時代，因為，這段時間會像夢幻般倏忽即逝。我們的青年時代過得真快，還在想著還有明日，不用著急的時候，明日竟然一下子如矢飛去，如今我已垂垂老矣，後悔也來不及了。所以，希望青年們能夠以此為前車之鑑，勿再蹈我等後悔之轍。青年們勵精奮勉的精神，關係著國家未來的命運，責任非常重大，歷來有一定作為的人，都是在青年時代就痛下決心的。

說到決心，有很多需要注意的方面，特別是在金錢方面更要注意。因為在單純的過去都有「無恆產難保有恆心」的警句，而現在的社會結構更是一天比一天複雜，對於金錢，如果沒有相當的覺悟，就可能會陷於意外的過失之中，導致失敗。

金錢是寶貴的東西，但同時又是卑賤之物。從寶貴這個觀點來看，金錢是勞動的象徵，代表勞動成果，依照約定，既定物的代價可以用金錢算出它的價值，這裏所說的金錢並不是單指金銀、貨幣、紙幣之類，而是泛指可以用來衡量一切貨財的金錢，所以，可以說金錢是財產的代名詞。

我記得在昭憲皇太后的御歌中有這樣一句：「心地好，黃金是財寶；心機壞，黃金帶災害。」這真是一句對金錢再恰當不過的評語，是一首值得我們感佩服膺的名歌。

從中國古代典籍來看，他們對金錢的鄙視風氣，一度很盛。《左傳》①有「小人懷璧其罪」的句子；《孟子》有陽虎「為仁不富，為富不仁」鄙視金錢的論調。陽虎本不是值得敬佩的人物，但此言在當時誠為知言，為一般世人所公認。

除此之外，像「君子財多損其德；小人財多增其過」這種說法在中國古典書中也多可見。總而言之，東洋自古以來的風尚，是頗為鄙視金錢的，認為「君子不可親非它；小人亦應當以之為戒懼」，以致為矯正世俗貪婪無厭的弊病，形成了極端鄙視金錢的風氣。以上所說，還請青年們深切留意。

我以自己平生的經驗認為《論語》與算盤應該是一致的。孔子在傳授道德教示世人的過程中，對經濟問題也是相當關注的，這散見於《論語》的各篇中，特別是《大學》，更敘述了生財的大道。

治世為政，需要行政費用自不待言，即使是普通的老百姓，其衣食住行也必然要和金錢發生關係。而治國濟民，道德是不可或缺的，所以必須調和經濟與道德的關係。因此，我做為一個實業家，為了使經濟與道德一致，進而平行發展，我時常採用平易的方式，向大家說明《論語》與算盤相互調和的重要性，希望能引導大家及時留心之。

過去，不僅僅在東方，就是在西方也存在著鄙視金錢的風氣，這是因為一談到經濟問題，總是先考慮得失，有時就會傷害到謙讓、清廉等美德，而這又是一般常人最容易犯的過失。所以都鄭重的加以警惕。出於此種用心，有人也就立以為教，並逐漸成了一般的風氣。為了加強戒惕之心，於是有人提出鄙視金錢的觀念，慢慢自然而然就成為一般的風氣了。

我記得在某一個報刊上曾看到過亞里斯多德的一句話：「所有的商業都是罪惡的」，我認為這種說法非常極端，但仔細思考起來，一切商業行為都伴隨著得失，人們容易為了利、欲而迷失方向，背棄仁義之道。為能警惕人們發生這種弊害，他才使用了那種激烈的言詞吧。人性的弱點是過於注重物質，人們在忘卻精神上的事後，容易產生過份重視物質的弊害，尤其是思想愈幼稚，道德觀念淺薄的人，更容易陷入這種弊害之中。

也許正是因為以前社會知識水準低，道義心淺薄，陷於罪惡的人比較多，所以人們才提出鄙視金錢的觀點吧！這是我個人的看法。

與過去相比，現在的社會，知識有了顯著的發展，具有高尚情操的人也多了。換句話說，一般的人格都逐漸提升了，所以對金錢的想法也有相當的進步，用光明正大的方法來獲得收入，把金錢也用在正道上的人也多了，對金錢也有了正確的認識。可是一如前述，人性有其弱點，有些人在利慾薰心之下，很容易產生富貴第一、道義第二的錯誤思想。

當此思想發展嚴重了，就會有金錢萬能的想法，而將十分重要的精神問題棄之不顧，成為物質的奴隸。在這種情況下，才有了上述的責難，因為害怕金錢的禍害，所以鄙視金錢的價值，重提亞里斯多德「所有的商業都是罪惡的」說法。

幸虧隨著社會的進步，人們對金錢的態度也改變了，生財致富與道德相結合的傾向日見增加。尤其是在歐美，「真正的財富是在正當的活動中取得的」觀念，已經一步步穩當而順利的被付諸實行。

我很希望我國的青年也能夠深深注意這一點，千萬不要再陷入金錢之禍，要好好利用道義與金錢的價值。

【注釋】

① 按，《左傳‧襄公十五年》所載與此略有不同，「有罪」為「不可以還鄉」，意必為盜所害。

誤用金錢力量的實例

行為不端的官員很婉轉或很直接的索要賄賂時，如果實業家有自省的良心，視面子與信用為緊要之物，必然會堅決拒絕其要求。哪怕是中止交易，也不向罪惡妥協，能做到這點他就不會造成任何罪惡。

——澀澤榮一

子曰：「不在其位，不謀其政。」

——《論語・泰伯》

在社會上，大概某人被稱為「御用商人」時，人們都覺得此人多少都帶有點罪惡，這種稱呼帶有厭惡的意思。如果我們做生意的人被指名道姓稱為御用商人①，我們的心中必然怏怏不樂。在一般人的心目中，御用商人就是利用金錢的力量去諂媚阿諛權貴者，在經營方面缺乏廉潔正直的人。但是，不管在海外還是國內做這一行的，我們可以看到，大多是實力相當雄厚的人，他們極懂道理，也很重視面子，講究信用。像這樣能自我反省之人，照理應該非常明辨是非善惡才對。我認為，即使官府的人有稍微不正當的要求，他們也不會輕易答應的。也許是怕他們在官廳公務上找麻煩，所以會在正當買賣以外另致薄禮示意也未可知。

但是像前一段時間發生的海軍收賄事件，這種大規模的犯罪行為，如果不是雙方惡念一致的話，也不可能得做出來。也就是說，即使商人行賄，而官員不收就不成事。行為不端的官員很婉轉或很直接的索要賄賂時，如果實業家有自省的良心，視面子與信用為緊要之物，必然會堅決拒絕其要求。哪怕是中止交易，也不向罪惡妥協，能做到這點他就不會造成任何罪惡。我們確信商人懂得「有所為，有所不為」。

但是以海軍受賄這件事來看，無論是軍艦也好，軍需品也好，凡是有關採購的專案都曾發生過收賄行為，不獨西門子[②]公司一家，據說海軍、陸軍這種情形也很普遍。甚至買來的物品的品質，比其標示價格所應有的品質要低劣許多，都是一些不合格的產品。為什麼會有這種疑惑呢？實在是令人可悲可嘆。《大學》中有句話說：「一人貪戾，一國作亂。」原句意義雖然並未具體指出貪欲或收賄行為，但由收賄貪欲者的一點點小瑕疵而引發成聳動天下的大事來看，其影響所及也實在是太可怕了。

以前，我總以為如此不正當的行賄受賄行為，外國可能會發生，但在日本絕不會發生。沒想到在我國竟然也有這樣的人出現了，真是遺憾非常。無風不起浪，甚至連三井公司的人員，也因涉嫌而被人檢舉，實在是令人痛心。之所以會發生這樣的事件，我認為是因為割裂了仁義道德與經濟利益兩者的關係，使兩者無法調和造成的。假如人人具有生產營利應本著正道去經營的觀念，而我們實業界也彼此引以為信條，不做不正當的事，外國人我不敢保證，但在日本實業家中，我敢誇稱，像那種行為不正的分子，是絕對不會出現的。如果對方在貪欲心驅使下，暗地裏做這一類的事，甚至露骨的說他已偷偷的替我們動了手腳，你要滿足我提出的種種要求。此時，如果我們做生意的人明確表明違背正義的行為我辦不到，斷然拒絕與之交易，則犯罪的行為必然不會發生。於是我深切的體會到日本社會有必要提升實業家的人格。如果實業界不正當的行為不能絕跡，國家的安全便難以厚望，這不是杞人憂天，我實在是深以為憂！

【注釋】

①御用商人：指一些與官府勾結，在商業活動中又具有壟斷性行為，對官府行賄，而對一般人則欺壓，只賺不賠的商人。

②指西門子事件，是德國的西門子公司，向日本高級官員行賄，此事於大正三年（一九一四年）一月，在議會被揭露出來。三月，當時的山本權兵衛內閣引咎辭職。

確立義利合一的觀念

本著我們的職分，盡一切力量，根據仁義道德來進行利用厚生之道，做為行事的方針，並努力確立義利合一的信念。

——澀澤榮一

社會中的事，有利必有弊，西洋文明的輸入對我國的文化雖有很大貢獻，但在另一面也產生了一些弊害。也就是說，當我們在引進世界性的事物，沐浴其恩澤享受其幸福的同時，也一併傳入了世界性的毒害，這是不爭的事實。像幸德一幫人心中所懷的危險思想，就正是其中之一。從古至今我國從未有過這樣的極端思想。然而今日之所以會產生這種思想，是因為我國已在世界舞臺上建立了一席之地，外來文化輸入所產生的惡果，也算是不得已的。只是這對我國來說是一種最恐怖的、最應該禁忌的病毒。因此，凡是我國的國民，就有責任和義務講求根治此種病毒的方法。我思量再三，認為根治此病毒的方法大概有兩種可以採用。一種是直接研究此病的性質，然後投以適合的藥方；另一種是盡可能使身體各部器官強壯起來，強壯到縱然有病毒入侵也不怕，因為已經養成了抵禦病毒甚至能夠殺死病菌的體質。從我們的立場來看，應該選擇二者之中的哪一種呢？我們原本是實業工作者，要研究這一壞思想的病理病源，並講究治療方法，只怕不是我們的專長。我們應做的工作在於國民日常的養生方面，只有讓國民有了強健的身體，才能抵抗病毒的侵害。我將我所認為的治療法，即危險思想防治對策公布於此，希望一般世人，特別是實業界的朋友。能好好加以考慮。

我經常談到我平常所持的論點，我認為我們的社會在利用厚生與仁義道德這兩方面，自古以來就結合得不太緊密，因而有所謂「仁則不富，富則不仁」的話，以為近利則遠仁，依義則失利，將仁與富解釋做完全不同的兩回事，如此將仁與富完全分開解釋，好像兩者水火不相容，這是非常不妥的。這種錯誤解釋造成一個極端的結果，就是投身於利的人，就可不顧仁義道德。我對這一點多年來一直痛嘆不止。其實這個觀念是後世某位學者所造成的罪過，我以前已經提及，孔孟之教以「義理合一」為主，只要一讀四書，便可明白。

宋代大儒朱熹在《孟子序說》中說：「用計用數，縱令得立功業，只是人欲之私，與聖賢處天地懸絕」，非常鄙視錢財功利。將此言再進一步思考的話，即與亞里斯多德的「所有的商業都是罪惡」的意思前後一致了。換一種說法就是：仁義道德應該是神仙般不思凡欲的人的行為，投身利用厚生的人可以無視仁義道德。這樣的解釋絕不是孔孟之教的精髓，乃是閩洛派的儒者所捏造出來的妄說。然而我日本國從元和[1]寬永時代開始，此一學說就很盛行，所以造成了一種現象：一提起學問兩字，人們便以為，除此一家之外別無分號。然而這一學說給今日的社會帶來多少弊病呀？

誤傳孔孟教義的結果是，使得從事生產事業的實業家們的精神，幾乎都變成了完全的利己主義，既無仁義也無道德，甚至鑽營法律漏洞，一心以賺錢為依歸。影響之大，大到今日的實業家多數都是抱著一種只要自己能賺錢，他人和社會都可置之不管的觀念。假如社會上沒有了法律的制裁，他們必將陷入強取豪奪，無惡不作的深淵。長此以往，將來的貧富差距將逐漸嚴重，更可想見的是，社會會逐步淪入卑鄙無恥的地步。這正是誤傳了孔孟之訓的學者，數百年來在學術界橫行跋扈所產生的遺毒造成的結果。

總之，隨著社會的進步，實業界的生存競爭也日漸激烈，這是自然的結果。這時，如果實業家只汲汲算計個人的私欲私利，只要自己有利可圖，其他一概不管，那麼社會就會變得越來越不健全，令人討厭的危險思想一定會慢慢的滋生蔓延。那時候應該有誰來擔負釀成危險思想的罪過呢？這當然完全應該由實業家的雙肩來承擔。所以，為了社會的正常發展，必須匡正這種壞風氣不可。本著我們的職分，盡一切力量，根據仁義道德來進行利用厚生之道，做為行事的方針，並努力確立義利合一的信念。富且能行仁義的例子實在不少。如果對義利合一還有任何疑念，今日應該立即連根拔起，好使心中疑念一掃而空。

【注釋】

①元和：日本年號，西元一六一五年—一六二三年。寬永：日本年號，西元一六二四年—一六四三年。

富豪與道德上的義務

一個人在謀取財富的同時，也要常常想到社會對他的恩誼，無忘對社會盡到道德上的責任。

——澀澤榮一

我這個不服輸的老人平素好管閒事，都這把年紀了，還在為國家、為社會早晚忙個不停。縱使在自己家中，也可看見我在說這說那，常有很多人來洽談種種的事務，有來要求捐助的；有來向我借錢投資做生意或繳學費的；種種不盡情理的事等等都有。不管是來做什麼的，我都一一接見。因為社會這麼大，賢者、偉人相當多，如果擔心來了難纏的人或壞人，就玉石不分，一律拒絕，大門深鎖，則不但對賢者有失禮貌，也不能完全盡對社會的義務。所以我對任何人都不設防，來者不拒，盡量以誠意與禮儀相待。對無理的要求則加以拒絕，而對能做的事則盡力而為。

中國古語有：「周公三吐哺，沛公三梳髮」之談。即大政治家周公用餐時如有訪客，他就停止用餐，將含在口中的飯吐出來，接見客人，聽取高見。等訪客走了，再繼續用餐。如果又有客人來，他就再次吐出事物接見客人。據說有一次他如此吐了三次，一點都不厭其煩，可見其對來訪客人有多麼尊重。沛公是開創漢朝四百年基業的高祖，此人效法周公，主張廣交賢者，梳髮時，如有來客，他就停止梳髮，用手握著頭髮接見客人。三握髮是說，梳髮之間中斷三次以接見訪客。這都表示兩人非常歡迎客來的意思。我不敢和周公、沛公媲美，但在廣接賢客這點上，我也是無論對誰都竭誠相迎。但社會上有不少人嫌接見訪客麻煩而不願接見客人，尤其是一些富豪和名士者流，厭惡來客的風氣特別濃厚。這樣的作風，就對國家社會就不能盡到他應盡的義務。

前些日子，我見了一個富家公子，他剛大學畢業，向我請教一些走進社會應該注意的事情。我先告訴他，我要講的話可能會得罪令尊，他可能會因我說的這些多餘的話而恨我，然後才說了以下的一些話，現在的富豪很讓人不解，大都只盤算自己，對於社會公益事業極其冷淡，其實富豪只靠他一個人是賺不了那麼多錢的，是社會提供給他機會的，從某種意義上說來，是從社會賺取來的。比如說，他擁有許多地皮，閒置不用，但空地太多也真傷腦筋，於是，將土地出租以收取地租，就要仰賴社會上的人。而社會上的人們工作賺錢，事業蒸蒸日上，租地者會越來越多，空地就越來越少，地租也就越來越高，地主便越賺錢。所以地主要自覺到，自己所以成為財主也是社會的恩賜，進而對社會救濟或公共事業率先貢獻，以回饋社會，這麼一來社會才會日趨健全。同時自己的資產運用也漸次穩健踏實。反之，如果富豪之士妄想漠視社會，以為離開社會，亦能維持其財富，對公共事業、社會公益棄之不顧的話，則富豪與社會大眾必然會發生衝突。不久，對富豪的怨嗟之聲就會轉化成社會主義的集體罷工罷市，其結果將給富豪招來更大的損失。所以，一個人在謀取財富的同時，也要常常想到社會對他的恩誼，無忘對社會盡到道德上的責任。

我說這些話，可能會被富豪憎恨，然而，社會上這些有錢人為何都採取這般退縮的態度，真令人難過。前些天我和一位富豪談話時問：「你們富人為什麼不站出來關心一下社會呢，這怎麼行？」他回答說：「太麻煩了。」如果只因為怕麻煩就退縮，而光憑我們熱心奔走，呼喚、吶喊，也實在無法順利建設公共事業。目前我們正在發起建設明治神宮[1]外苑的計畫，這個計畫所包括的範圍是起自代代木到青山的整個地帶，要把它建造成一個很大很大的公園模樣，同時再建一個可傳中興帝國之英主、先帝之遺德於後世的紀念圖書館之外，還要建立各種教育性的娛樂設施，這些計畫預計需要四百萬元經費。我相信這些計畫從社會教育上來看，肯定是有意義的事業。但是，僅籌措這筆費用就是件很不容易的事。所以，請岩崎先生與三井先生一定要伸手援助，同時，希望社會上的大富豪們，對社會多盡他們在德義上的責任，為公共事業盡些力。

【注釋】

①明治神宮：位於東京都澀谷區代代木的神社，為供奉明治天皇和昭憲皇太后的地方。內苑約七七六〇〇平方公尺。

能賺會花

能掙會花，就活躍了社會，進而促進經濟（生產）的進步，這是有為人士應該努力的方向。真正擅長理財的人，必須是能掙錢，同時又會花錢。金錢既可貴又可賤。金錢的貴賤，完全在於持有者的人格如何。

——澀澤榮一

金錢是現在世界上流通的各種貨幣的通稱，可以衡量各種物品的價值。貨幣特別的便利，它可以與任何東西交換。太古時代是物物交換，如今，只要有貨幣就可以隨心所欲的購買任何東西，貨幣的可貴就在於它所代表的價值。因此，作為貨幣的第一要件是，貨幣的實際價值要和物品的價值相等，如果只是稱呼上相同，而貨幣的實際價值減少的話，相對的，物價就上漲。其次，貨幣便於分割。比如說，有一個價格一元的茶杯，如果兩人想各取一半，是不能辦到的，因為將茶杯分成兩半，茶杯就沒有使用的價值了。但用貨幣就可以辦到，如果需要一日元的十分之一，就用十日分的硬幣。第三，貨幣可用以明定產品的價格。如果沒有貨幣，就不能明確定出茶杯與煙灰缸的等級。如茶杯一個十日分，煙灰缸一個一日元，即表示茶杯的價格是煙灰缸的十分之一，有了貨幣才能定出產品的價格。

金錢是珍貴的，不只青年渴望它，所有的男女老少都希望得到它。就如前所述，貨幣是物品的代稱，所以必須與珍貴物品一樣珍貴它。從前有位叫禹王的人，就算是瑣細的東西都很珍惜，又如明朝朱子（朱柏廬，著有《治家格言》）也說：「一粥一飯當思來之不易，半絲半縷恆念物力維艱」。就是一寸的絲、半張的紙，甚至是一粒米也一定要珍惜才好。有這樣一則佳話：在英格蘭銀行[1]有位很著名的人物叫吉伯特，他年輕時，到銀行參加面試，正要離開時，發現室內地面上掉有一個別針，吉伯特隨即將它撿起來別在了衣襟上。面試官看到了，便叫住他問：「先生，你剛才好像在室內撿到一個什麼東西，那是什麼？」吉伯特神色自若的回答說：「一個別針掉在地面上了，撿起來還能用，如果讓它擱在地上卻很危險，所以我就把它撿起來了。」面試官聽了很感動，於是進一步又問了他一些問題，結果發現他是一個深思遠慮，很有前途的青年，所以就錄用了他。後來，他果然成為了一個大銀行家。

總之，金錢是表現社會力量的一種重要工具，非珍惜它不可，可是，必要時盡量使用它也是應該的。能賺會花，就活躍了社會，進而促進經濟（生產）的進步，這是有為人士應該努力的方向。真正擅長理財的人，必須是能賺錢，同時又會花錢。所謂會花錢，是指正當的支出，也就是善於使用它。比如醫生所用的手術刀，良醫用它可以解救病人的生命，如果讓瘋子使用它，它可能就成為了傷人的兇器。用來孝養老母親的麥芽糖，如果小偷使用它，它可能變成消除門樞開閉時軋轢音的道具，因此，我們珍視金錢也應謹記要善用金錢。事實上，金錢既可貴又可賤。金錢的貴賤，完全在於持有者的人格如何。然而世間往往曲解珍惜金錢的意思，變成吝惜金錢的人，這一定要注意。對金錢力戒浪費，同時也不要吝嗇。只知道賺錢，而不懂得花錢，發展到極端就成了守財奴。所以，希望今日的青年不要做一個浪費者，同時也不要成為一個守財奴，切記！切記！

【注釋】

① 英格蘭銀行（The Bank of England）：位於倫敦的世界上最古老的中央銀行，一六九四年設立。

—第五章—

理想與迷信

沒有興趣，就不能喚起工作精神，恰如木偶人一樣。因此，不管從事什麼工作，都要盡量保有深厚的興趣去做，即使不能完全按照自己的想法如願以償，但至少總會滿足自己一部分的理想或欲望。孔子在《論語・雍也》中說：「知之者不如好之者，好之者不如樂之者。」一語道破了興趣的最高境界，這就是說一個人對自己的職務不能不滿懷熱誠。

保持美好的希望

人面對未來的事一定要持有理想，即便將來理想和事實互相違背，也必須遵循一定的主張。

——澀澤榮一

和他國交戰而敗，是令人痛心的。為戰爭而全國總動員、窮兵黷武，是不合乎仁道的。對於今日的局勢，我們不必那麼擔心，但此後的工商業要如何發展才好呢？戰爭一旦結束，就恢復和平之後的實業界的去向而言，又會變成怎樣的呢？也許會有意想不到的變化發生，其中有這種可能：以為是壞的卻好轉了，以為很好的事情可能變壞了。所以，這些都是今日很難臆測到的。

但是，人面對未來的事一定要持有理想，即便將來理想和事實互相違背，也必須遵循一定的主張。也就是說，遇事慎思熟慮而後付諸實行，那麼必然會減少錯誤。譬如爆發戰爭這樣的事，即使曾想像過，有時也是無法意料的，它會出乎我們的想像。

凡處於人世間，對所有的趣味和理想，都有必要按照道理的規則，去一步一步進行。而在國家戰爭與為人處世之間的所謂商業道義，最重要的就是堅持「信」。如果不能遵守信這個字，那麼我們實業界的基礎就無法鞏固。簡而言之，世局和平之後，從事於實業界的我們，應格外的感到責任重大。而且不只一個人的責任重大，還應該對於所經營的事業有如何發展的預想，然後依據你們的預想，確定充分的道理，而後依照這道理，進行活動。所謂「講道理、保持有根據的希望、活潑的工作」是一個概括性的用辭，這是前一陣子一位美國人對我們日本同胞所下的評語。

美國人曾對日本人作了調查，發現：所有的日本人都能抱有希望，活潑上進的工作。因而美國用「抱有合乎道理的希望而活潑工作的國民」這句話，對日本人作出評價，我很引以為榮！雖然我已經年邁，但希望國運更加昌隆，也希望全體同胞更幸福快樂。我想實業家們一定也有同感吧！

無論時局如何，只要想從事實業的，我想誰都會抱著將來非這樣做的這一希望的。何況在此大戰之際，要預測將來會發生如何變化，是最須要慎思熟慮的，也需因應自己所經營的事業，採取適宜的措施。因此就必須遵守上述所說的商業道德，即一個「信」字。如果實業家能完全的實行，我日本實業界的財富必然增多，同時在人格方面也將有大幅度的提升。當然，這不僅僅是對時局的希望，我才這樣寄望各位，在此時機之下，要事先預想，變化一定很多，那麼，從各位所擔當職務上來相互考慮，我想你們一定能制定出合宜的辦法，進退自如的。

做事要有熱忱

一個人對他所擔任的職務一定要抱有興趣才好！

——澀澤榮一

子曰：「知之者不如好之者，好之者不如樂之者。」

——《論語・雍也》

「不管對任何工作，都必須保持興趣」這是最近的一句流行話語。那麼此興趣一語的定義究竟指什麼？我不是學者，所以無法給它做完全的解釋，不過，我深切希望一個人盡其職責，也就是說對自己的職分抱有「興趣」，只有這樣才能快樂。

興趣一詞，聽起來似乎指理想、欲望，也有喜歡、享樂的意思。因此，歸納起來可以做如下的解釋：如果單純就職務表面的要求去做，這是俗語所稱的「例行公事」，也就是一般所說的，按照規定行事，遵照命令去做。但如果是抱著「興趣」來處事的話，那麼就不同了。那是發自內心的，認為這樣做好，那樣做較好，或者這樣做的話將會有如何如何的結果等等。總之，再加上自己的欲望與理想去做，才稱得上感興趣。這便是我對「興趣」二字的見解。

雖然「興趣」的明確定義我不知道，但必須強調的是：一個人對他所擔任的職務一定要抱有興趣才好！更進一步說：「既然作為人而存在，我們就應該抱著像人那樣的興趣來盡心做事。」總之，如果社會上的每一個人都能持有興趣，且將個人的興趣積極提升，那麼你的功德就能在社會上出現。即使不能達到這種境地，只要你興趣十足的去做，那麼，工作起來，就有精神。反之，如果僅照章行事，從事一些無興趣的工作，那麼工作就沒有生命、沒有意義，只能說是形軀的存在罷了。有本書提到養生法說：如果一個人到了人老珠黃不能活動時，雖然生命猶存，但每天只會吃飯、睡覺，來打發日子，那不算有生命，只是軀體的存在。因此，一個人衰老了，即使身體方面非常不靈活，若還能以心立世者，才能算是生命的存在。

誠然，人都希望能以生命存在於世，而不想以軀體存在。這道理我們頹齡的人要時常銘記在心。另外，如果被人說了一句：「那個人是否還活著呢？」那麼他的意思是指被問者大概是以一個軀體存在的人。如果像這樣的人占多數的話，那麼日本就不會生氣勃勃。現在，社會上有不少知名人士被人懷疑「那人是不是還活著？」這就是指其軀體而言。所以，經營事業的道理也一樣，事業不應該是死板的去做，而應該對它抱有興趣。

沒有興趣，就不能喚起工作精神，恰如木偶人一樣。因此，不管從事什麼工作，都要盡量保有深厚的興趣去做，即使不能完全按照自己的想法如願以償，但至少總會滿足自己一部分的理想或欲望。

孔子在《論語・雍也》中說：「知之者不如好之者，好之者不如樂之者。」一語道破了興趣的最高境界，這就是說一個人對自己的職務不能不滿懷熱誠。

道德應進化嗎

古代聖賢所宣導的道德，不會隨科學的進步而發生變化。

——澀澤榮一

有子曰：「其為人也孝悌，而好犯上者，鮮矣；不好犯上而好作亂者，未之有也。君子務本，本立而道生。孝悌也者，其為仁之本與！」

——《論語・學而》

道德這種東西，是不是也能像物理、化學那樣的逐漸進化呢？也就是說：道德是否會隨著文明的進步而進步？這話似乎不太好理解。但正如前面所說，宗教信念是可以強固道德的。因為社會對道德的解釋是漸漸在演變的，本來就已經是從理論上推導出來的德義心，因倫理關係才獲得維持。

「道德」一詞是發源於中國古代唐虞之世所說的王者之道，所以，道德一詞起源得很早。

進化不只是對生物而言，根據達爾文的進化論，從某種意義上來說，古代的東西都應自然的進化。隨著科學的發明和生物的進化，不少東西不也都逐漸的發生了變化了嗎？進化論本來是針對生物才發展出來的，但是，如果反覆研究，把研究的結果普遍推廣到非生物世界，也能適用。即使不是生物，也是在逐漸推移變化的。

與其說是變化，不如說是向前進步。

不知是在什麼時代產生的禮教，在中國提倡了「二十四孝」，列舉了種種孝順的故事。其中，最可笑的是郭巨的故事：他因為家裏窮，沒錢奉養雙親，因此就想將自己的孩子活埋。挖土的時候，竟然挖出了一口釜鍋，鍋中裝有很多黃金，頃刻間，變成了巨富。致使孩子沒有被活埋掉，雙親也得到了奉養，這就是因為郭巨的孝心感動了老天，老天才讓他致富。可是在現今的社會上，如果有人為了盡孝，將自己的孩子活埋的話，一定會受到人們的嚴厲譴責，罵他是馬鹿（畜牲）。可見即使為孝親一事，隨著社會的進步，同樣的行為，在不同的時代，人們的毀譽也是不同的。

再舉一例來說，王祥為了供養父母，去捕捉鯉魚，但時為冬天，河水都凍結成冰，為使堅冰溶化，他赤身裸體躺在冰面上，終使冰溶化而鯉魚躍出。這故事可能是虛構的，但如果真是事實，不管他的孝行多麼偉大，在他的孝心感動天神之前，他的身體早已被凍僵。這反而違反了孝道。

像二十四孝的教育，因為是假設性的，我認為不適合做為範例。不過，對做善事的看法，大家的看法不都是隨著世界的進步而有各種變化嗎？如果就某種物質方面來想，把沒有電力、沒有蒸汽的時代和現在相比，是不能比對的。所以，道德如果也像電力、蒸汽機等物質那樣變化的話，那麼，隨時代巨大的變化，古代的道德就失去了應完全尊重的價值。

然而，今天不管物理、化學如何進步，物質方面的知識多麼增進，而仁義之德，不光東方人對它的觀念由古至今不變，即使在西方，數千年前的學者，或稱作聖賢的人們在有關仁義的理論觀念上的討論，似乎也沒有什麼變化。如果真是這樣的話，我認為古代聖賢所宣導的道德，不會隨科學的進步而發生變化。

文明的世界

隨著世界的進步，人們會更好的深思遠慮，戰爭的減少是自然的趨勢。

——澀澤榮一

「強者之辯永遠有理」，這是一句流傳於法國的諺語。雖然這是道破現實世界的名言，但隨著文明的不斷進步，人們逐漸重視道德之心、愛好和平，厭惡以力相爭的慘虐之情也隨著文明的進步而增強。換言之，戰爭因時代的進步要付出更高的代價。無論哪一個國家，都會考慮到戰爭代價之昂貴而自我思量，因此，極端化的紛爭就自然會減少，而且一定會減少。

明治三十七、八年之間，俄國有一位叫克魯姆的人寫了一本「戰爭與經濟」的書，公開陳述戰爭隨著時代的進步，其殘酷程度會愈加強大，戰爭經費也愈加沉重。所以，當世界進步到某種程度時，由於每一個國家都不堪戰爭經費的負荷，戰爭最終會消滅。有人說過俄國皇帝之所以曾經主張和平會議，就是因為他贊成克魯姆等人的說法。在大力宣傳戰爭的殘酷性之下，大家都會認為像如今的歐洲大戰是不可能發生的。然而，就在去年（一九一四年）七月底，看各報每天的報導，當時有人問我，他要外出旅行二、三天。在他外出的日子裏，世局會有怎樣的變化？我回答他說：如果只看報紙的話，那麼人們會相信戰爭已爆發了。

不過，前幾年美國學者喬爾丹博士，在「摩洛哥問題」發生的時候，特地寫來一封信告訴我說，由於美國著名財政學家摩根的忠告，戰爭停止了。喬爾丹博士本來就是一個和平論者，他非常注重和平。所以才會特別寫信跟我連絡。當時的我雖然並不深信他的說法，可是隨著世界的進步，人們會更深思遠慮，戰爭的減少是自然的趨勢，我相信這道理是人人都會接受的。於是，我就以此回答那位將出外旅行二、三天的人。

然而，從今日歐洲的這種戰況來看，詳情雖不瞭解，但實在頗為悲慘。尤其是德國的所作所為真叫人不明白何謂文明？要說其根源，我認為，是因道德不能普遍適用於國際間，最終導致了戰爭的爆發。如果真是這樣，那麼任何國家都必須有如此冷酷的認識，即國家雖然應該捍衛，但應該想一下如何得使國際間的道德統一，也就是說，讓弱肉強食的行為，消弭於國際之間。倘使一方退步，而另一方卻毫不顧慮的前進，就會迫使對方不得不前進，勢必相爭，引發戰爭。這其中還和種族關係、國界關係有關，一國對另一國擴張其勢力，他國為保衛自己的國家，當然會盡力相抗，最後只有導致紛爭。總而言之，不能將我所要求的強加於人，縱容私欲，強者恃強稱霸等等，就成了今天時局的普遍現象。

到底所謂的文明是什麼呢？在我看來，今日世界還不夠文明。這樣一想，我心中不由產生疑慮，在今日的世界之中，我們的國家將來應該如何發展下去？我們的國民要有怎樣的覺悟才好？是不是如果不得已，就會捲入世界這場漩渦中。除了奉行弱肉強食的主張以外，是否還有其他更好的辦法？對於這個問題，我們一定要思考出一種能為大家所認同的主義，與一般國民共同遵循。我們願意徹底遵守己所不欲，勿施於人，發展東方型的道德，更進一步持續世界的和平，增進各國的幸福。至少在不造成他國的傷害下，來謀求一條使本國興隆之路。我相信，如果執政者能本著全體國民的希望，放棄唯我獨尊、單方面的主張，在自己國內施行道德，並在國際間也要奉行真正的仁道，那麼就能免除今日慘痛的災害。

兩種人生觀

為了使自己的欲望達成，必須自己先忍一忍、讓予他人，而後自己才能成功。

——澀澤榮一

子貢曰：「如有博施於民而能濟眾，何如？可謂仁乎？」

子曰：「何事於仁，必也聖乎！堯、舜其猶病諸！夫仁者，己欲立而立人，己欲達而達人。能近取譬，可謂仁之方也已。」

——《論語‧雍也》

人既生於世，無論如何都必須有個目的，否則會無所適從。可是目的到底是什麼？應該如何完成？這恐怕也和人們的面貌不同一樣，各自的意見也會迥然不同。也許有人會有這樣的想法：既然自己長有手腕，身懷技術，只要竭盡全力充分發揮，就能對君父盡忠孝或救濟社會。但光有這種想法，而不力求行動，是沒有什麼用的。這須要用某種形式具體表現才行。因此，要依靠自己平日所學到的才能，盡力發揮各自的學問、技術。如：學者盡學者的本分；宗教家履行自己的職責；政治家明確的盡到自己的責任；軍人需要達成軍人的任務；依照各人的專長，各盡其力的從事其職。在這種情況之下，人們的心情與用意，與其說他們是為自己，不如說他們為君父、為社會的觀念占了上位，而把自己退處於賓客立場去做事。我把這種做法稱之為「客觀的人生觀」。

與前述相反，也存在只考慮自己，對社會或他人之事完全置之不理的人。按照這樣的人的想法很冷靜地來觀察社會的話，這種人的想法也不是沒有道理的。因為自己畢竟是為自己而活，不是為他人而活，又為何為他人和社會而犧牲自己呢？如果是為自己而活的自我，那麼一切當然都為自己考慮，對於社會上所出現的諸事，就盡量以利己的方式去應付。

如，借錢是為自己而借，當然就有償還的義務。租稅也是出於自己生存需要而由國家徵收的費用，當然也有納稅的義務。要是為了拯救他人或者公共事業而捐款，他就一概不負責。因為他覺得這是為他人、為社會而為，並不是為自己。總之，以自己為主，視他人和社會為賓，凡事以滿足自己為本能，只要將以自我主義貫徹到底，就算盡到了責任。我對這種人的做法，稱之為「主觀性的人生觀」。

在這二種人生觀當中，哪一種觀點可取呢？擺在事實之上來考察一番，我的看法是這樣的，假使都像後者那樣，國家社會將日趨於鄙陋、粗野，最終陷入不可挽救的衰退中。反之，如取前者，國家社會必定日臻於興隆、理想。因此，我提倡「客觀的人生觀」而排斥「主觀的人生觀」。孔子曾教導我們說：「夫仁者，己欲立而立人；己欲達而達人」，我認為在社會和人生處世上，都要按照這個教導去做。所謂「欲己立則先立人，欲己達則先達人」，聽起來有些買賣交換的意味在內，好像是說，為了使自己的欲望達成，必須自己先忍一忍、讓予他人，而後自己才能成功。其實，孔子的本義絕對沒有那樣卑鄙。他是要人先完成立人之目的、然後達成立己的目標，再付諸於行動表現。這是孔子所教導我們的行為榜樣，君子之人的行為必須遵守這個順序。換言之，這是孔子在為人處世上的覺悟，我也認為人生如此才有意義。

事物的歸依

世上的事物有時會偏離正道，走入旁門左道，但這些惡事並不會使真理晦暗下去。

——澀澤榮一

子張問行。子曰：「言忠信，行篤敬，雖蠻貊之邦行矣；言不忠信，行不篤敬，雖州里行乎哉？立，則見其參於前也；在輿，則見其倚於衡也。夫然後行。」子張書諸紳。

——《論語・衛靈公》

我們設立過一個所謂歸一的協會。所謂歸一，就是希望在世界上的各種宗教觀念或信仰等等，之間找出一個共同的依歸。世界各種宗教觀念、信仰等，不是最終都將歸於一嗎？不管稱為神、佛還是耶穌，都是在談教，教人應該遵行道理。東洋哲學和西洋哲學之間多少有些差異，可是最後還是殊途同歸的。所謂「言忠信，行篤敬，雖蠻貊之邦行矣」，反之「言不忠信，行不篤敬，雖州里行乎哉？」這是千古的格言。如果一個人言不忠信，行不篤敬，還能贏得親戚故舊的喜愛嗎？西洋道德所說教的，也有同樣的意思。只是，西方的主張偏重於積極，東方的講道方式有幾分消極而已。

例如，孔子說：「己所不欲，勿施於人。」耶穌則說：「凡己所欲，必施於人」，說法相反，雖然表面上有差異，追根究底，其意思是在教誨我們不要做惡，而要行善。所不同的是，一是由右說起，一個從左邊說起，但所要講的結果還是同樣的一個道理。

深入研究之後，發現各分宗派，門戶各異，相互指責，彼此挖苦，實在是極愚蠢之事。能否歸一我不敢說，但我們期望得到某種程度的歸一，這就是歸一協會設立的目的。

自組成協會以來，已經過數年了，會員不僅有日本人，也有許多歐美人士，大家共同針對某些問題互相檢討、研究。我本人在過去四十年間，一向宣導仁義道德與生產謀利應該結合一致，並力求使之統一。可是，道理雖然如此，但是人生在世，違反道理的事實卻不斷出現眼前，這實在令人嘆息。

對於我的主張，像和平協會的保羅氏以及井上博士，鹽澤博士、中島力藏博士、菊地大麓男博士也都共同認為，雖不能全然歸一，但也一定能達到某種程度的歸一。也就是說，世上的事物有時會偏離正道，走入旁門左道，但這些惡事並不會使真理晦暗下去。在過去也是這樣，曾有過類似的理論，他們認為仁義道德與生產獲利必須一致，如不一致，就不能締造真正的財富，更不能捕捉到足以傳之久遠的東西。

大家對於這些道理，幾乎都認同了。若真能將此論旨，這種論點被徹底的在社會廣為鼓吹、提倡，並且形成了物質利益必須依據仁義道德的觀念，那麼，相信缺乏仁義道德的行為自然會煙消雲散的。譬如，購買公家用品的執事者，如能醒悟賄賂是違反仁義道德的話，無論如何也不會收取賄賂；販賣御用物品的商人，如果他想到賄賂是違反仁義道德的，那麼也不會去行賄。

將這利害關係推而廣之，及至政治、法律、軍事等其他諸方面，都要與仁義道德相一致。如果商人能夠依照仁義道德正當經營，那麼客戶就無法單獨的索求賄賂，因為社會上的事大半就像車輪的運轉，幾乎都是一環扣一環，如果雙方都不能遵循仁義道德，就必然會產生矛盾。因此，希望我們共同努力，使一切事務都以仁義道德為依歸。若能將此普遍通行於社會，那麼，像賄賂等讓人忌諱的事，自然就會停止下來。

日日新

世間的事物，時間一久必然產生弊端，都不免使長處變短，本來是有利的卻變成有害。

——澀澤榮一

社會上的事物總是隨著年歲而進步，學問方面也是從內到外，逐漸有新的東西產生。總之，社會是在日新月異中不停進步的。世間的事物，時間一久必然產生弊端，都不免使長處變短，本來是有利的卻變成有害。尤其是因襲一久，活潑精神便完全消失。中國的《湯盤銘》曰：「苟日新，日日新，又日新。」雖然不值得特別提起，但日日新，又日新的說法的確有意思。世間的事情，一旦流行於形式，精神會馬上頹喪下去。因此，凡事都要日日更新，懷有這種心態，才是最重要的。

今日，政治的停滯不前，就是由於繁文縟節所導致的結果。官吏只看表面、形式，從不深入追究事情的真相。比如：將自己該管的事物按照規定完成，便十分滿足了。這一現象並不只限於官吏，民間的公司、銀行，也逐漸形成了這種風氣。本來流於形式一事，在朝氣蓬勃的新興國家比較少見，多半是發生在舊習長年因襲累積的古老國度。譬如德川幕府的垮臺，就是種因於此。所謂「滅六國者六國也，非秦也」，也是這個原因。滅幕府的正是幕府自己。大風吹來，強木不倒，也同此道理也。

我一向沒有宗教觀念，但這並不意味著我就沒有其他的信仰。我信仰儒教，將它作為我言行的規範。「獲罪於天無所禱」，對我個人而言的確如此，但對一般民眾是行不通的。畢竟知識程度較低的人，還是需要宗教。然而，以今日的狀況來說，天下人心無所依歸，宗教也流於形式，空洞無物，好像茶道方面的流派、作風，民眾眼花撩亂，無所適從。這種現象，我們不能繼續放任下去。

面對這種社會狀態，首先一定要有好的措施。當今迷信風十分盛行，有許多人因迷信而傾家蕩產、田園盡失。宗教家如果不起而力挽狂瀾，這種趨勢只會更為強盛。西方人說：「信念強，不需要道德」，對民眾要灌輸這種信念，必須保持其信念。

有人認為，商業的目的在於利己，只要對自己有利就好，連累或損害他人都不關我的事，持有這種想法的人也不少。因此，有人說，謀利與道德是兩回事。這是不對的，這種舊想法不適用於現在。明治維新之前，社會上流人士，應該叫做士大夫，與求利是不發生關係的，只有人格低下的人才與之有關，以後這種風習浪潮雖經改正，但仍有部分還在苟延殘喘。

孟子也認為謀利與仁義道德應相結合，但其後的學者卻將二者分離了。結果是，「行仁義者與富貴無緣，富貴者不行仁義」。商人被稱為奸商，加以鄙視，不能與士為伍，商人也日趨卑下，專以賺錢為目的，最終變成唯利是圖之輩。因此，致使日本的經濟發展遲緩了幾十年甚至幾百年。今天，這種風氣雖然日漸消亡，但仍未盡除。我希望人們把謀利與仁義之道統一，用論語與算盤予以指導。

神靈不靈

樊遲問知，子曰：「務民之義，敬鬼神而遠之，可謂知矣。」問仁，曰：「仁者先難而後獲，可謂仁矣。」

——《論語・雍也》

在我十五歲的時候，我的一位姐姐因患腦病，發瘋了。雖是二十妙齡的少女，但卻與女性不相稱。一般婦女做不出來的暴言暴行她卻毫不忌諱，狂態百出，其狂放的程度非常強烈，雙親及我為之操心不已。畢竟她是個女人，也不能由其他男子來照料她，只能由我跟在精神失常的姐姐後面。雖然常常遭到姐姐的惡言相罵，但我為同胞親情所趨，還是心甘情願的照顧她。因此，當時獲得鄰居的稱讚。

姐姐的病情，不僅是我們一家人為姐姐擔憂，親戚們也同樣憂慮。諸多親戚當中，父親的同族有一個名叫宗助的人，他的母親是一個大迷信家，她常常勸誘說，這病是家中鬼魅作祟所致，最好去請神官祈禱。父親偏不信邪，這些話當然不易入耳，後來便帶著姐姐遷地療養，到上野的一個叫室田的地方去。室田有個著名的瀑布，據說讓病人在大瀑布下，受瀑布的擊打，對病人有很好的療效。

然而，父親離家後，母親拗不過宗助母親的說服，便趁著父親不在之時，請來了名為遠加美講的神官到家中去作法，驅除家中作祟的鬼魅。

我和父親一樣，從小就深深的討厭迷信，當時自然是極力反對，可是自己畢竟只是一個十五歲的孩子，一開口就在伯母她們的斥喝之下，講不出話來了。

之後，「遠加美講」派了二、三個修行苦僧，先來設壇準備。因為需要一個坐在中央的人，所以就叫當時剛在我家煮飯幫傭不久的女子來充當。然後，在室內掛上了稻草繩①，貼上許多咒語和金銀白紙，將坐在中央的女傭的眼睛蒙上，叫她手持「御幣」②端座。接著，座前的道士就開始唱各式各樣的咒文，其他的信徒們也都一起高唱著一種叫「遠加美講」的經文。中座的女傭，開始時好像睡著，不久，竟不自覺的手揮著「御幣」站了起來。

道士看到這種情形，馬上解下女傭的蔽目布條，平身低頭問道：「何方神聖降臨，請賜神諭吧！」接著禱告說：「這家的病人，不知被什麼鬼魅附身作祟，請賜知！」

坐在中央的的女傭竟也隨即認真的回說：「您這一家有灶神和井神在作祟；還有野鬼也在作祟。」

簡直一派胡言。家中的人聽了這些話當然很吃驚，特別是當初鼓勵祈禱的宗助母親，洋洋得意的說：「你看，神說得多靈呀！我的確曾聽過上一代的人說，有一年，有人前往伊勢神宮參拜，但沒有回來，聽說病死途中。現在神賜告說有孤魂野鬼在作祟，所指一定是這位族人。神真靈驗，謝天謝地！」於是又問中座的女傭，如何消除作祟的辦法，中座女傭說：「最好是建立祠堂祭祀鬼神。」

因為我一開始就反對這種事，所以，在整個作法的過程當中，我很注意看看有什麼可疑的地方，希望找出破綻。聽她提到孤魂野鬼一事，我就立刻問道：「這個孤魂野鬼離開人世大約是多少年前的事？建祠還是立碑，不弄清時間是不行的。」道士又再度向中座者細語了一下，中座女傭說：「大約是五、六十年前。」我再反問「五、六十年前，是什麼年號的時代？」中座回答說：「天保[3]三年的時候。」

我心想：天保三年如從今日算起，剛好是二十三年前的事，怎麼是五、六十年前呢？於是，我向道士發問：「現在您聽清楚了吧！對野鬼的存在瞭若指掌的神靈，應該不會連年號也不知道吧！如果連這個也會弄錯的話，怎麼能教人去信仰祂呢？顯然是無法依靠的。」

宗助伯母一聽我的質問，插嘴罵道：「講那麼不敬的話，會遭神明懲罰的！」一語擋住我的話鋒。但是，她們犯了年號的錯誤，這是顯而易見的，誰都明白。所以在座的人興致自然就冷了不少，都轉頭注視著道士看。道士一看不對勁，又支吾搪塞說：「可能是野狐來冒充神明降臨。」我再次追問他：「既然是野狐，就更加不須建祠祭祀了。」就這樣，建祠的事就不了了之。為此，道士一看到我，就兩眼瞪著我，那神色好像在說：「好小子，破壞老子的買賣」似的，而我得意得很，忍不住就發出了會心而又自豪的笑聲。

從此以後，宗助的母親再也不做「遠加美講」這一類的祈禱了。村中人不久也得知此事，像道士之類者再也沒有進入村中來，從此大家有了破除迷信的共識。

【注釋】

① 稻草繩：日本人祭神時用或新年掛在門前。

② 御幣：一種供神用具，即在細木上紮上白紙，用以供奉。

③ 天保：日本年號，西元一八三〇年—一八四三年。

真正的文明

一國設施不管如何的完整，但如果沒有與之相匹配的管理者的知識才能，也稱不上真正的文明之國。

——澀澤榮一

文明與野蠻是相對的，什麼現象叫做野蠻？什麼現象叫做文明？其間的界線很難劃分。因為這是一個比較的問題，所以，某一種文明，如果從進步的文明看來，就是野蠻；同理，某一種野蠻，如從更糟一層的野蠻來看，又應該是屬於文明了。當然，我要討論的不是空洞的理論，而是現實的世界，還須有實例來說明。在一鄉一市之間，由於其文化程度的不同，要論及野蠻文明的分際時，怕無法比較，我想還是用一國做單位較為合適。我對世界各國的歷史或現狀並沒有詳細的調查過，所以不能講得很詳細，不過，以英、法、德、美諸國為當今世界的文明國，應該毫無問題。它們的文明是什麼呢？我認為可以作如下解釋：有明確的國體，有嚴謹的制度，凡成立一個國家所必須具有的設備都很齊全，例如，法律完整，教育制度周密，這樣才可稱得上是文明。

不過，單是這樣百事齊備還不能稱得上是文明國。因為在各種齊全的設備上，還必須要有充分維持一個國家活動所應有的實力。說到實力，當然非談到兵力不可，而員警制度，地方自治團體也是實力中的一部分。充分具備這些條件之後，彼此之間權衡得宜，相互調和、互相聯結，不發生偏重一方或者缺乏統一，也許就可稱之為文明吧！換句話說，一國設施不管如何的完整，但如果沒有與之相匹配的管理者的知識才能，也稱不上真正的文明之國。如前所述，在條件齊備的國家，運用這些設施的人，知識、能力都不完全，這種情況很少見。不過，有時外表的局面看來像十分完全，可是實際根本不堅實，即所謂的「優孟衣冠」，只是服飾漂亮，卻不合其人品，像這種情況也不能說沒有。

所謂真正的文明就是說，所有的制度與文物都具備外，還要一般國民擁有人格及智慧，這才夠格稱得上文明。這樣來看，縱然已不論是貧是富，實際上在文明中已經自然的包含有財力在內了。然而，形式與實力不常一致：若形式上號稱文明，實力卻是貧弱的，這種權衡的很不適當的情形，不能說就完全沒有。總之，真正的文明必須：「強大的力量」與「實在的財富」二者兼備。

一個國家的發展，應是何者優先呢？就各國發展的實例來看，大多數是先有文化的進步，然後才有實力的進步。特別是因國家需要以兵力為前導，而財力的發展卻很遲緩。我國的現狀可以說也是屬於這一類的。日本的國體，雖冠絕萬國之上，各種應備的條件是維新以後才經由輔弼賢臣大力的推動下，逐漸建立了起來，這的確是不容辯解的事實。只是與之相配合的富實之力很不完備，可嘆啊！必須承認，是因為歷時尚短而無法相適應。富實的根本之道在於實業的造就，這並非一朝一夕所能成就得了的。

因此，若與上述日本國體、制度的完備相比，財富實在相當缺乏。但是，如果國民能全力以赴從事增加財富的話，日本雖小，總有種種方法可以達成。不過由聚財來說，有必要先使用財。為了擴充提升文明所需種種措施會犧牲富實之力，是今日社會最大的隱憂。當然，一個國家的建立並不是光靠財富即可，為了擴展文明規模，犧牲一部分富實之力也是不得已的。為了保有一國的體面，為了謀求一國將來的繁榮，必須擴展陸軍、海軍的力量。另外，內政、外交方面也需種種費用的支出，也就是說為確立一個國家的規模而多少要耗損財源之事，那是勢所難免的，一旦過於偏重某一方，有時反而會造成文明的貧弱。文明一旦陷於貧弱，種種治國規模就形同虛設，不久，原來的文明便會淪於野蠻了。這樣一想，要使文明成為真正的文明，必須使文明的內容既富實又強力，讓豐實的財富和強大的力量二者得以相互權衡。日本帝國目前最大的憂患是為了擴大國家的規模，而不顧富實之根本犧牲。故在此共同勉勵，希望能上下一致，文武協調，以保持文明應有的平衡。

發展的一大要素

永遠都不被人厭惡、排斥，這是海外發展的一大要素。

——澀澤榮一

明治時代是一個吸取新的事物而改造舊的事物，每天汲汲求進步的時代。當然，目前還稱不上十分進步，因長期鎖國而未能接觸到歐英文物的日本，如今在短短的四五十年之間，逐漸取彼之長，補我之短，在某方面的成就甚至達到不遜於歐美的地步。這當然是托聖天子治世的福和明治天皇英明的指導，以及國民全體的努力奮發的結果。

從明治時代過渡到大正時代，有人往往以為，創業的時代已經過去，從此便進入守成的時代了，但是我們日本國民之間是不能以守成為安的。由於日本版圖小，人口眾多，而且人口遠會漸漸增加，所以不能如此消極保守。應當在治內的同時也須向外發展。我們的耕地面積雖小，但改良耕作方法，耕地的效用就能增加出來。例如：改良種苗、改良耕作法；使用氮肥、磷肥等品質優良的肥料，適用集約式的農耕法，上田的收穫量便可增加一半，下田也可達原來兩倍的收成。甚至過去無法種出來的旱稻，在使用人造肥料之後，反而進一步可收成五至七袋的米。耕地雖然狹小，但不能忽視如何增加土地效用的問題。又北海道及其他新領土也要投入所需的資金與勞力，以建立周全的事業，但不管如何努力，畢竟是有限度的，所以在整頓國內的同時，向海外力求發展，開闢日本民族發展的途徑，片刻也不能鬆懈。

向海外發展時，我們應該選那一方面才好呢？我認為應根據自然的趨勢，選擇最有利的地方。例如：選擇氣候良好，土質肥沃，其地善容人，且於農於商，甚至各方面都有好處的地方，自是人之常情。在此，值得我們關切擔憂的是美國和我日本國的關係。造成今天這樣的爭論，彼此之間實在不免遺憾。我認為對方也有過於任性之處，硬說些不合道理的話。不過，事到如今，我們的國民也有必須反省之處。因為這些事情都是當前的外交所需交涉的問題，所以無法加以詳細陳述。國民的期待是：不管在什麼地方，政府應以徹底不退縮的勇氣，無比的忍耐，開拓大和民族世界發展之途。永遠都不被人厭惡、排斥，這是海外發展的大要素。

肅清歪風是急務

在增進財富時，不違背道理，在自我發展時，不會發生與他人相侵相害之事。

——澀澤榮一

子貢曰：「貧而無諂，富而無驕，何如？」
子曰：「可也。未若貧而樂（道），富而好禮者也。」
子貢曰：「《詩》云：『如切如磋，如琢如磨。』其斯之謂與？」
子曰：「賜也，始可與言《詩》已矣！告諸往而知來者。」

——《論語・學而》

在動搖不定中，促成了維新的大改革。從此之後，統治的人和被統治的人之間的界線撤除了，商人也由原來狹隘的區域擴大到以世界為舞臺的大活動。原本只在日本內地的商業活動，主要商品的運輸與儲存也藉助政府的力量在運作，現在也變成一切必須由個人來處理了。對商人來說，是完全開闢了一個新天地。於是，他們也必須接受相當的教育了。商人也好、工人也罷，都得掌握一定的知識，或者是地理，或者是物品、品種，或是商業歷史，這都是繁榮商業所必須的知識。

總之，凡可以促使商業繁榮必須的知識，我們都能選用全世界的精華來吸取。當然主要還是在實業教育方面，甚至可說，我們把道德教育擱在一邊，全不顧及。因此，企圖增加自己財富的人也陸續有所增加，有人僥倖暴發、變成大富，就在此刺激及誘惑之下，誰都想發財，於是，富者越富，貧者也以致富為目標，結果是仁義道德被當做舊世紀的遺物，不屑一顧。不如說，根本不知仁義道德為何物。只知利用知識汲汲乎增值自己的財富而已。如此社會自然會陷入腐敗、混濁，甚至墮落混亂，這是一點也不足為奇的！在此趨勢之下，仁人志士也不得不高喊肅清歪風的口號。

那麼，是如何的肅清法呢？上述已說過，一般人不從正當的地方去求利，徒然成為利欲的餓鬼，結果就陷於道德淪落的狀態。然而過分的憎惡此類行為，也可能堵塞致富的根本，也是不當，不可取的。

譬如說，因為厭惡男女行為流於過度的猥褻，結果連自然的情愛也要加以斷絕的話，這不但不合人情，而且也同樣難於實行，最終必然違背天理人情。

最後，連生氣勃蓬之理也要蕩然無存。面對實業界的腐敗墮落也一樣，僅僅竭盡其力的對之加以攻擊戒飭，這是不是適當的肅清辦法，是值得考慮的。或許反而因之喪失了國家的元氣，耗損國家的財富。

因此，肅清一事是極為棘手的問題，如果返舊復古，只要掌握政權的人能重道義，又盡可能的限制從事生產謀利之人，只許商人活動於小範圍之內，說不定可以減少這些弊端。可是這樣做，將會阻礙國家的進步。

為了增進財富、擁護財富，創造沒有罪惡相隨的神聖之富，必須堅決保持一個大家應遵守的主義，這主義就是我時常提倡的仁義道德。

仁義道德與生產謀利絕不矛盾，明白了這一基本原理，才不會失去仁義道德的立場，這是我與大家都要共同去好好探究的。假使能夠依著這些道理從事，我相信大家不會陷入腐敗墮落之地，這對國家或是個人，都能增進財富。

至於其方法，付諸日常之事，雖不能詳述應當如何經營生意或事業，但最重要最根本的道理是必須與生產保持一致、不相矛盾。至於致富的手段則應以公益為宗旨，不要有虐待人、損害人、欺人、騙人的作為。而且，各盡其職之所應盡，在增進財富時，不違背道理，在自我發展時，不會發生與他人相侵相害之事。這樣神聖之富，才能得到，也能保持。若各行各業果能達到此境，那麼腐敗的肅清也必就算達成了。

第六章

人格與修養

說到「富」，社會人心的歸向多半如此，其原因大多是因為社會一般人士之間欠缺人格修養的緣故。如果一個國家確立了國民所應遵守的道德律，人人能秉持信仰以立於社會，那麼人格自然會養成，會提升，社會也就不會再有唯利是圖的歪風吹襲了。因此，我奉勸青年們，務必修養人格。青年是真摯而率直的，而且身體充滿活力，上進心強，應該養成所謂「威武不能屈」的人格，這樣他日既可求一己之富，也能謀求國家的富強。請記住：在信仰動盪的社會中，青年們最易受人誘惑。

樂翁公的童年

曾子有疾，孟敬子問之。

曾子言曰：「鳥之將死，其鳴也哀；人之將死，其言也善。君子所貴乎道者三：動容貌，斯遠暴慢矣；正顏色，斯近信矣；出辭氣，斯遠鄙倍矣。籩豆之事，則有司存。」

——《論語・泰伯》

樂翁公[1]的傳記在社會上既已普遍為人閱讀，在這裏就不再重述。現在我要記述的是，依據撥雲筆錄約略可窺得樂翁公幼時的一些情景，同時還想介紹一下他的人格精神所以非凡不群的原因。他說：

「六歲時，患大病，曾擔心一病不起，經高島朔庵法眼[2]等多位醫師會診醫治，終於在九月康復。七歲始讀《孝經》，並學習日文字母。八九歲之際，人人贊我記憶力強，又具有才華，如今想來，不覺羞愧。」

這一段話是在敘述大家都稱讚他聰明，由於盡是恭維的話，所以自己恥於以聰明自居。

接著他敘述懷舊之情，這是一段很有氣質的述懷：

「其後，讀《大學》時，老師雖已教了數次，但我都記不住。反省之後覺得別人的褒獎完全是阿諛奉承，其實自己的才能並不高，記憶力也不好，這是我九歲時的感想。想一想，幼時受到褒獎不見得是好事。自十餘歲開始，我曾經妄想留名後世，想使名聲遠揚日本、中國，而今想來，這雖是鴻鵠大志，但也是自不量力。」

依照這段文字看來，樂翁公從十歲開始就希望成為一個名揚海外的人物，的確非常不平凡。然而，他卻很謙遜的說，自己立下這樣的大志，是不自量力。

又說：

「其實我經常應人的請，而揮毫送人，竟不知人之求字乃出於諂媚之心，但如果知道，我也就無心應其要求而寫了。」

我也一樣，有時也有應人之求而寫字的，或許就如樂翁公所說的那樣，索字者可能都是為了向我討好而來的吧！

接著說：

「十二歲時，喜好著述，搜集通俗舊物，在《大學》條目下，編成為人處世之箴誡，但古事多不記得，又覺書多偽，故不再為之。」

這一段是說，樂翁公自十一、二歲開始便有心編著一本教人、誨人的書，然而，不解古代之事，參考通俗書，又多失實，惟恐誤導讀者，所以停止下來了。

下面又說：

「如今想來，沒有去搜集類似真西山的《〈大學〉術》那樣的提綱，真是幸運，否則難保日後不會誤人子弟。自此，我已開始詠歌，但都是未完成的作品，其內容也不記得了。因無人教導，自己讀讀，就作廢了。只有一首自認尚不惡者，是描寫圖繪鈴鹿山花開時節，遊客絡繹不絕之作品：「鈴鹿之旅投宿遠，花樹下流連忘返」。

這時年僅十一歲。十一歲即能吟詩詠歌，可見他在文藝上頗具天分。

「十二歲時，我寫了篇叫《自教鑑》的文章，曾蒙大塚氏修改，至今依然保有。乃明和[③]五年起稿，明和七年完稿，家父看了很高興，賜我史記為獎，今仍置藏書之中。我雖然從十一二歲開始作詩，但平仄不分，因此未敢公開獻醜。」

雨後詩如下：

虹晴清夕氣，雨歇散秋陰。
流水琴事響，遠山黛色深。

又「七夕」詩如下：

七夕雲霧散，織女渡銀河，
秋風鵲橋上，令夢莫揚波。

這些詩是經過多位師尊修改之後而成的。

由此可見，樂翁公生來就多才藝，自少年之時就已經是優秀人物。自教鑑這本書在樂翁公的藏書中，為自修其身的自我惕戒之書，篇幅不太長。我記得以前曾經看過。樂翁公是性格非常溫和的人，可是他很擔憂老中④、田沼、玄蕃頭的政治，以為長此以往，德川家就不能維持下去。他認為要消除惡政，非殺田沼不可，於是決定犧牲自己的生命去刺殺田沼。以上這些事都記述在該書之中。讀完了自教鑑，我發現本來是非常溫和、深思熟慮的樂翁公，也有精神剛毅銳敏的另一面，繼續讀下去，他還寫到因脾氣暴躁，曾對朝廷的侍官提出嚴厲刻薄的諫言。

「明和八年我十四歲時，……開始變得很暴躁，對一些小事也怒不可遏，或握筆張肩，板起面孔跟人論理，或惡言罵人；大家看了都為之嘆息，說儒子不可教也。大塚孝綽尤常加勸告，水野為長也日日勸諫，指出我言行的好壞，我聽了很感激，但仍難以抵擋住發怒之情，於是在客廳裏掛了一幅索道所畫的姜太公釣魚圖。一旦想發怒時就看看這幅圖，以圖鎮靜。這樣固然很難受，但慢慢的就能想著有一天能完全不再發怒。那時我一直在力圖改善，可惜總不能如願以償。直到十八歲，易怒之性最終完全褪盡。我覺得很難得，這完全是有心人士直言的結果。」

據此來看，樂翁公確為天才，同時在某一方面又有感情強烈的性格，可是他對自我精神修養卻非常的盡心盡力，因此修養成了樂翁公的獨特人格。

【注釋】

①樂翁公：松平定信（一七五八年－一八二九年）的號，日本江戶後期的諸侯。

②法眼：日本中世以後授予醫師、畫家、詩歌（日本詩體的一種體裁）師，儒家的稱號。

③明和：日本年號，西元一七六四年－一七七一年。

④老中：日本江戶時代直屬將軍，總理政務、監督諸侯的幕府最高將軍。田沼，玄蕃頭，指田沼意次（一七一九年－一七八八年），日本江戶後期的幕府重臣。玄蕃頭，指掌管外交和僧尼、佛寺的長官。

人格的標準

只有具備萬物之靈的能力者——能修德、啟智、貢獻人類社會的能力，才能說是具有人的真正價值。

——澀澤榮一

子曰：「富與貴，是人之所欲也。不以其道得之，不處也。貧與賤，是人之所惡也。不以其道得之，不去也。君子去仁，惡乎成名？君子無終食之間違仁，造次必於是，顛沛必於是。」

——《論語・里仁》

人為萬物之靈，每一個人都這樣認為。如果同為萬物之靈，那麼人與人之間應該沒有差異才是。然而，就世間大多數的人來看，仔細觀察，很不相同。現在在我們交往的親戚朋友中，上自王公貴人，下至販夫走卒、匹夫匹婦，差異都很大。就一鄉一村而言，其差異就更大了。擴大至觀察一國之時，懸殊就更大。人既有智愚尊卑的差別，要確定其價值並不容易，更何況我們並沒有明確的標準可以憑藉。然而，你如果承認人是萬物之靈，其間自然就應該要有優劣之別了。從「蓋棺論定」這句古言看，我認為是有可能確立標準之處的。

乍一看，「每個人都一樣」這句話是有道理的。再進一步觀察，「萬人皆不同」這句話也有其論據。因而，要確定人的真正價值，須先研究上述正反兩論之後，才能下適當的判斷。但這是件相當困難的事。所以在立標準之前，須先給「什麼叫做人」這問題下個定義。人與禽獸究竟有何不同？這一問題在過去雖然已有簡單的說明，但隨著時代的日益進步，此問題需要更複雜的說明。

據說，過去歐洲的某一國王，為了要觀察人類天然的語言，就將兩個嬰兒拘禁在密室中，不讓他們聽到人類的語言，也不給予任何教育，直到長大之後才把他倆放出來。結果發現，這兩個人只能像禽獸那樣發出我們無法聽懂的聲音，一點都不能說出像人類那樣的語言。我不知道這個故事是真是假，但人與禽獸之間僅有極小的差異，這一觀點是否正確應可從上述的故事獲知。可見縱然四肢五官具足，具備了人的形體，但我們也不能就憑此而視之為人。因此人與禽獸相異之處在於人能修德、啟智、對社會做出有益的貢獻，這才可以稱之為真正的人。一句話總結，只有具備萬物之靈的能力者——能修德、啟智、貢獻人類社會的能力，才能說是具有人的真正價值。所以要評定一個人真正的價值，所用的標準，也要在這一意義上加以討論。

古今歷史上的偉人我們如何評定其價值呢？往昔中國的周代，文武兩王並起，興兵誅滅無道的殷商紂王，統一天下之後，專心一致以施德政。因此後世都讚揚文武兩王為德高「道」重的聖主。由此觀之，文武兩王，可以說是功名、富貴樣樣不缺的人。然而，與文王、武王、周公並稱之孔夫子又怎樣呢？雖受尊崇為聖人，而且說與之匹配也不為過的顏回、曾子、子思、孟子等人，也受推崇為聖人之次，他們終生為了「道」而遊說天下，貢獻一生，可是他們在戰國時代連一個小國都不能擁有。論德，他們不亞於文武；論名，其名聲也很高。因此，以富貴為標準來判斷人生的價值時，孔子的確是劣等生。然而，孔子本身真認為自己是劣等生嗎？如果文王、武王、周公、孔子都很安分守己而終其一生，以富作為人的真正價值標準；把孔子判斷為人生的劣等生，顯然是不正確的評價標準。由此可知，要評價一個人是非常困難的，如果不仔細觀察他的行為對世道人心究竟產生何等影響，我們就不能評價一個人的價值。

再看看日本的歷史人物，同樣也有這樣的情形。如藤原時平[1]與菅原道真，楠木正成[2]和足利尊氏[3]，要評定誰的價值高，誰的價值低呢？時平與尊氏同為財富上的成功者，可是今日看來，時平的名字，只有在作為表現道真的忠誠時，才能夠作為評價的對象。相反的，道真的名字就連小孩兒童、販夫走卒都能牢記在心。所以，究竟應把誰視之為具有真正價值的人呢？從尊氏、正成二氏來看，也是一樣的。總之，世人雖然喜歡對人評長論短，但要充分瞭解其真相的困難由此可見，所以不要隨便評估一個人的真正價值。如真要評論一個人，那你必須把他在功名與富貴方面的成敗放在第二位，而應著重於觀察他對人類社會是否有貢獻？其精神與對後世影響如何？這樣才能做出正確的評論。

【注釋】

①藤原時平（八七一年—九〇九年）：日本平安中期的公卿。

②楠木正成（一二九四年—一三三六年）：日本鎌倉末期和南北朝時期的武將。

③足利尊氏（一三〇五年—一三五八年）：日本室町幕府的第一代將軍。

容易被誤解的氣魄

品格高尚，也是元氣之一。

——澀澤榮一

談起「元氣是何物？」要具體來說明，的確非常困難。從中文的字義上說，我認為「元氣」二字應相當於孟子所說的「浩然正氣」吧！世人常說青年的元氣如何如何，好像只有青年人才有元氣。其實元氣並非年輕人的專有名詞，老年人也應該有元氣才好。進一步說，元氣是男女所共有的。如大隈侯爵①雖比我還大兩歲，但他精神十足，非常有元氣。

關於浩然之氣，孟子說：「**其為氣也，至大至剛，以直養而無害，則塞於天地之間。**」此「至大至剛，以直養」之語十分有趣，世人常有「沒有元氣了」、「鼓足元氣吧！」等說法，但在不同的情況下會有不同的用法，如：酩酊大醉時在途中大聲吼叫，就說他元氣好。反之，默不作聲就是他的元氣不好。但是，像那種酒醉後在路上叫鬧，直到被員警捕捉才知道惶恐的元氣，是不值得誇耀的。如果把與人發生爭執，明明是自己的錯誤，卻強詞奪理，也稱有「元氣」，那就大錯特錯了。以上這些都誤解了元氣的本意。其實品格高尚，也是元氣之一。如福澤[2]先生所時常提倡的獨立自尊，此自尊有時也可稱之為「元氣」。如果人們能夠在自助、自守、自治、自力更生等方面獨立又能達到同樣重要的自尊那就太好了。

不過，自治或自力更生，需要付出一定的勞動才行，因為自尊這個字眼稍有誤解就會被解釋為驕傲或是不合常理。譬如同過一條道路，如能稍作避讓，就能順利到達，但一方因自尊而不讓，最終會發生汽車碰撞這種嚴重的事故。如此，這種自尊不是元氣。

孟子所謂的「至大至剛，以直養」，是極其壯大、非常剛強的，因此要「以直養」就是要以正當的道理，即至誠加以培養，以使元氣能永遠繼續下去。如果只是出於一時飲酒而來的元氣，到次日就會消散，像這樣的元氣是不可取的。只有誠正之心培養的元氣，才能「充塞於天地之間」，這才是真正的元氣。

今日的學生若能培養這樣的元氣，根本不用再擔心會被說成是軟弱、淫靡和優柔。但是，如果還是像世人所嘲諷的一樣，那麼稍一不慎就會使元氣大傷。上了年紀的人尚有這個隱憂，但任務重大的現代青年，則必須更加努力培養這個元氣才對。

程伊川有一句話說：「哲人見機誠之思，志士厲行致之為」，或許我有引錯字之處，但它的意思曾讓我刻骨銘心，至今依然深感佩服。明治時代的先輩們，實踐了「哲人見機誠之思」，而大正時代的青年無論如何要成為「志士厲行致之為」這樣的人。

我相信這是一個他們能夠好好發揮的時代，所以青年諸君務必養足旺盛的元氣，為盛世出力。

【注釋】

① 大隈侯爵：指大隈重信（一八三八年｜一九二二年），日本明治和大正時期的政治家，一九一六年成為侯爵。

② 福澤：指福澤諭吉（一八三四年｜一九〇一年），日本明治時期的思想家、教育家。

二宮尊德和西鄉隆盛

為了國家的興隆而講求興國安民法，總比關心相馬藩興國安民法的存廢更重要吧，當務之急的應屬於前者。

——澀澤榮一

子貢曰：「君子之過也，如日月之食焉：過也，人皆見之；更也，人皆仰之。」

——《論語・子張》

明治五年（一八七二年），在井上侯爵的總指揮之下，我和陸奧宗光①、芳川顯正②決定為了募集公債到英國推銷。明治四年（一八七一年），吉田清成③也埋首進行財政改革，有一天傍晚，西鄉公突然駕臨我當時在神川猿樂町的茅屋。此時的西鄉先生已貴為參議，是地位十分高的官吏，卻來拜訪我這個不過是大藏大丞④的小官，這是一般平凡的人絕對做不到的事情，我在受寵若驚之餘，誠惶誠恐的接待了他。原來他是為了相馬藩的興國安民法一事而來的。

興國安民法是二宮尊德受聘於相馬藩時，制定的一套財政產業政策，據稱這個奠定了相馬藩繁榮基礎的根本政策，遍及財政、產業等各方面。以井上侯為首的我們這一批人，在企劃財政改革時，就曾有人提議要廢止二宮尊德師所遺留下來的興國安民法。

相馬藩的人得知這一消息後，由於這是關係到該藩消長及興衰的一件大事，所以派遣富田久郎、志賀直道兩人專程上京謁見西鄉參議，請求無論財政改革如何進行，都不能廢除該藩的興國安民法。西鄉公雖然接受了他們的請求，但在和大久保先生和大限先生談論後，都認為不可接受。他想找井上侯爵也說一下，但眾所皆知他有癖氣，洽談肯定有困難，說不定一開口就被拒之門外。西鄉公為此煩躁不堪，想來想去，想到要是能說服我，或許可以阻擋廢止。他十分看重對富田、志賀兩氏所作的諸言，因此不惜來我這微不足道的小官的寒舍拜訪。

西鄉公向我說明了如此這般情況後，認為好不容易才建立的良法就這樣廢除了實在可惜，希望我想辦法讓它延續下去，好為相馬藩盡力。於是，我問西鄉公：「那麼，您瞭解二宮的興國安民法的內容嗎？」西鄉公回答他說全然不知。我心想：「既然完全不知，還要讓它繼續存在，真是莫名其妙。」所以我打算加以說明。因為當時，我對有關興國安民法的情況已完全調查研究清楚了，所以我可以詳細地敘述。

詳細說明如下：

二宮先生受聘於相馬藩，首先就對該藩過去一百八十年間的歲入作了詳細的統計。將一百八十年以六十年為一階段，分做天、地、人三單位，以其中的第六十年的平均歲收當作該藩例年的歲收，且進一步將一百八十年二等分，以九十年為一階段分乾坤，採取收入較少的坤單位，將這九十年的平均歲收入額作為標準，以決定該藩的年支出額，來支付同藩的一切藩費。如果該年的歲收有幸在坤位的平均歲收預算以上，就是增收，若該年有剩餘額，就用以開墾荒地，將開墾所獲的新土地交給墾荒者當事人。這就是相馬藩所謂的興國安民法。

西鄉公聽我詳細說明了二宮先生的興國安民法以後說：「聽你這麼說，這部法不正符合量入為出的財政原則，不廢除不也很好嗎？」想到此時正是我發表平日對財政所持有看法的好機會，於是毫不客氣的回答說：「正如貴公所稱讚，不宜廢除二宮先生所遺留的興國安民法，該法如能繼續施行下去，相馬藩不但能夠奠定基礎，而且今後將會更加繁昌盛。

但是，為了國家的興隆而講求興國安民法，總比關心相馬藩興國安民法的存廢更重要吧，當務之急的應屬於前者。貴公參議的意思是國家全體的法律不重要、任憑其無制度的發展也沒關係，而相馬一藩的興國安民法較重要，希望不要廢除。這難道不是相互抵觸的想法嗎？雙肩擔負國家興衰，身負佐理國政大任的貴參議，既肯為相馬一藩的興國安民法說情，可是對關係國家全體的興國安民法要如何企劃卻沒有顧慮，實在是太本末倒置了。」我反覆陳言，西鄉公聽了以後，沒說出一句，默默的離開了我的寒舍回去了。

總之，在明治初年的這段經過，不管人們知不知道，可是在維新的豪傑之中，像西鄉公那樣毫不虛飾的人，實在是令人敬佩。

【注釋】

①陸奧宗光（一八四四年—一八九七年）：日本明治時期的外交官、政治家。

②芳川顯正（一八四一年—一九二〇年）：日本明治時期政府高級官員，曾任司法、內務等大臣。

③吉田清成（一八四一年—一八九一年）：日本民治初期的外交官。

④大丞：按明治二年（一八六九年）制定的官制，是政府各部和行政官廳直接管轄的院校所設置的官職。

修養不是理論

「修養」究竟要做到什麼程度才好呢？修養是沒有限度的，但必須注意的是：切莫因此而流於空談。

——澀澤榮一

曾子曰：「士不可以不弘毅，任重而道遠。仁以為己任，不亦重乎？死而後已，不亦遠乎？」

——《論語・泰伯》

「修養」究竟要做到什麼程度才好呢？修養是沒有限度的，但必須注意的是：切莫因此而流於空談。因為修養一事並不是什麼理論，應在實際中去做，所以必須自始至終都要與現實保持緊密的關係。

關於實際與理論的配合，有必要在此作一清楚的說明。要而言之，理論與實際、學問與事業如果不同時發展，國家是不會真正興盛的。無論其中一方如何發達，若另一方面不能相隨前進，這個國家就不能進入世界強國之林。反之，理論與實際若能密切配合，則對國家而言，國家才會文明富強；對個人而言，個人的人格才能臻於完善。

上述所論，其例證很多，就漢學來說，孔孟的儒教在中國是最受推崇與尊重的，稱之為經學或者實學，這和詩人或文學家之舞文弄墨之作，是不同的。其中研究最透徹且發揚光大之者，是宋末的朱子。朱子非常博學，而且熱心於講學。但是，朱子時代的中國，正值政治腐敗，軍事衰微之際，根本沒有實學的效用。即使經學非常發達，政治卻極其混亂，也就是說學問與實際完全隔絕。總之，中國的經學，雖至宋朝（朱子）大力振興，但朝廷並沒有用之於實際事物之上。

然而，日本卻能將中國儒教好好應用，付諸實踐，使這些在宋朝儒教下的空理空言的死學，發揮了實學的效用。能夠善用這套經學的人是德川家康。元龜天正時代，當時國內混亂如麻，諸侯只在軍備上用其心力。可是家康卻十分明智，他徹悟到單靠武力是無法治國平天下的道理，因此，對文事投以相當的心力，採用了在中國早已徒具空文的朱子儒學，先後聘請了藤原惺窩[①]、林羅山[②]等人，積極的將學問應用於實際事務，使理論與實際相配合、相接近。

如今，家康的遺訓仍膾炙人口。其中有一段說：「人生如負重荷、如行遠道，不能心急，以不自由為常事，就沒有不足之感。心生欲念，則應思困窮之時，如此，欲念自可消滅。忍耐為安全長久之基，怒為敵。責己不責人，不及猶勝過之。」這些話，都取自經學中，而且大半由《論語》中的警句變化而成。他在當時之所以能安定人心，保持了三百年的太平，是因為他能活用學理，也就是使實際與理論相結合，密切相聯。然而，到了元祿[③]、亨保[④]的時候，社會上漸漸衍生出各種學派來，進而舞弄空理，不切實際，有名的儒者增多，但注重理論結合實際的則很少，只有熊澤蕃山⑤、野中兼山⑥、新井白石⑦、貝原益軒⑧等人。以致造成德川末年衰微不振的局面，想來就是因為理論和實際不能結合所造成的結果。

以上列舉的是舊時的事例，在今日，仍存在理論與實際兩者的步驟是否一致，而導致了盛衰有別的實例，這是大家都清楚的。只要看世界上那些二、三等的國家就可明白，即使在世界一等國中，也有忽視理論與實際平衡的國家。

反觀日本，很難說已完全達到兩者充分的配合了，不僅如此，還往往能見到兩者相離的傾向，這實在是國家未來之憂。

所以，我衷心希望，想要立志修養的人，應該記取前車之鑑：絕不要走旁門左道，不謹要守中庸之道，還要經常保持自己的志行與操守不斷的進步。換言之，在致力於精神的同時，也應求知識的發展。切記，修養的目的不單為個人而已，更要為一村一鄉，乃至於社會國家之興隆而努力作出貢獻。

【注釋】

① 藤原惺窩（一五六一年—一六四九年）：日本安土、桃山至江戶前期的儒學家，日本近古朱子學之祖。

② 林羅山（一五八三年—一六五七年）：日本江戶初期的儒學家，致力於朱子學的普及。

③ 元祿：日本年號，西元一六八八年—一七〇三年。

④ 亨保：日本年號，西元一七一六年—一七三五年。

⑤熊澤蕃山（一六一九年—一六九一年）：日本江戶前期的陽明學家

⑥野中兼山（一六一五年—一六六三年）：日本江戶前期的儒學家，藩政家，屬於南學派，推進新田開發和殖產興業等藩政改革。

⑦新井白石（一六五七年—一七二五年）：日本江戶中期的朱子學家、政治家。

⑧貝原益軒（一六三〇年—一七一七年）：日本江戶前期的儒學家。

重在平時留心

最初看來極微細之事，有可能正是導致全局皆輸的原因。

——澀澤榮一

子擊磬於衛。有荷蕢而過孔氏之門者曰：「有心哉！擊磬乎！」既而曰：「鄙哉！硜硜乎！莫己知也，斯己而已矣。深則厲，淺則揭。」

子曰：「果哉！末之難矣。」

——《論語・憲問》

一般來說，世上之事不如意者十有八九。凡事不僅表現於有形的事物形體，也有其內在精神。譬如：在心中早已下定決心要做的事，卻因突發事件而臨時改變主意，或者在他人的勸誘之下就有了某種興致，雖不是惡意的誘惑，但心畢竟已產生了動搖而思遷了，這就是意志力的鍛鍊還不夠堅強的關係。總之，平日的努力最為重要。如果平時待人處事，不管怎樣，一旦明確了決定，他人縱有十分巧妙的言辭，也不會為之心動志移才是。因此，任何人都應該在問題尚未發生之前就鍛鍊其意志，這樣遇事才能從容不迫，應付自如。

然而，人心易變，平時堅定的說「應該這樣，應該那樣」的人，也會在不知不覺中動搖心志，造成與平時所想的完全不同的結果，像這樣就是平時缺乏精神修養，意志的鍛鍊不足之故。實際上，具有相當修養、歷經千錘百鍊的人，也不見得不會遭到迷惑，更何況社會經驗尚淺、涉世未深的青年呢？所以，青少年們應特別注意，如果自己平素所主張的想法，萬一因事不得不改變時，最好應該深思熟慮後再作決定。以慎重的態度深謀遠慮，心自然會大開，也能使自己的本心回到其原來的住所。千萬要記住：懈怠於自省和熟慮，是鍛鍊意志的大敵。

以上是我個人有關意志鍛鍊的理論，也確是本身之感觸，因此在這裏我再說些經驗之談。我自明治六年因事辭官以來，就下定決心以工商業為自己的天職，並且暗下決心，不管怎樣也絕不重返政界，吃回頭草。本來，政治與實業就是錯綜複雜的兩條路，唯有遠見的非凡之人，才能兼顧兩者，悠遊其間。可是像我這樣的平凡之人，沒有那麼大的能耐，如果去從事，或許一步走錯而終歸失敗。因此，我從一開始就對自己能力所不能及的政界死了心，而專心投入實業界。至於當初去政從商，當然大部分是我自己的意思，其間有些朋友們也勸告我慎重，但都被我謝絕了。就這樣我斷然一心一意朝向實業界前進。然而，儘管最初的決心是那麼勇氣十足，一旦付諸實行，才發現原來並不是那麼容易如願以償。所以四十餘年之間，屢屢動搖心志，幸在萬分危險時，總能穩住腳步，直到今天，才總算勉強有了結果。而今回顧這一切，其間經歷的苦心和變化，實在遠比當初下決心之時要多得多了。

假如我的意志稍微薄弱一點，在遭遇許多變化與誘惑時就會失足而踏錯一步，也許今日已陷入了不可挽回的地步。例如，在過去四十年間所發生的變化中，若該朝東的卻朝西而去，姑且不論事情重要與否，那麼開始時的決心就會因此而受到挫折。假如因一次的挫折，就亂了腳步的話，不久，原本下定的決心也受到了傷害，或許自己會因而自忖：「既然走錯一步，錯到底又有什麼關係呢？」結果便會毫無忌憚的做下去，這也是人之常情。

千里之堤，潰於蟻穴，如同這一比喻，一件事情的成功與否，往往繫於一念之間。可見意念是否會動搖是一件非常重要的因素。值得慶幸的是，每次我碰到那種情況，我都會深思熟慮，小心謹慎，雖然也有過差一點就動搖心志的情形，但很快就會回復到我原來的決心，就這樣，我平安無事度過四十多年。

有鑑於此，想來意志鍛鍊的艱難實在令人驚嘆。但從這些經驗中所得到的教訓，確實也令我受益匪淺。將所得的教訓簡而言之，大略如下：無論事情如何瑣碎，都不可以棄之不顧；事情不分大小，當它與意志有所違背時，就必須斷然擯棄。因為，最初看來極微細之事，有可能正是導致全局皆輸的原因。因此，無論從事任何事業，都要經過深思熟慮之後才可以進行。

必須究其原因

社會上青年的通病，在於只看一個人生命終結的那一剎那，並加以欽佩、敬慕，卻不去究明他們所以能獲得如此結果的原因究竟何在，這顯然很幼稚。

——澀澤榮一

關於乃木大將[1]殉死一事，社會上有不同的評論。有的對殉死多少持有指責的態度，認為殉死是不對的。有的則認為以乃木大將才有資格如此做，他人是不應該仿效的。但也有論者說：「這是值得讚嘆的武士行為，實在是由於其驚動社會的最後一個舉動，使人無限崇拜敬佩……」等等議論。這些有關乃木大將殉死的論評，登滿了當時的報紙和雜誌。由此可見，大將的殉死行為對社會人心的影響力之大。

我的看法，約略和後者相同，但與其說乃木大將的最後行動了不起，還不如說是對他生前的行為更為尊敬。換言之，大正元年九月十三日（其殉死之日）之前，乃木大將的行為是純潔而優秀的，所以他的殉死猶如晴天霹靂一般，給予社會重大的震撼。大將殉死的動機如何？大概不是僅僅這一死就能給予世間重大的影響吧！因此，我要將前面所敘述的意見再稍加詳細的說明一下。我和乃木大將的友誼並不深，對他的德性也不大清楚，只是從他殉死之後各方面的評論來看，乃木大將不僅是一位忠貞不二的人，也是一位廉潔且一心以服務為念的人。同時，在他的一切行為中，也知道他是有一個凡事都能集中精神，毫不因循苟且的人。

尤其在軍事行動方面，更是充滿了無論付出多大的犧牲，也要為國為君盡其心力的精神，更令人敬佩。這一點，可從日俄戰爭中，當兩個兒子為國相繼戰死時，將軍為了國家，忍住了任何人都難以忍住的感情，連一滴眼淚都不願讓人看到一事，可見一般。

將軍自青年時代開始，就因其為軍人，所以事事都服從上司的命令，具有著赴湯蹈火也在所不辭的忠貞觀念。與此同時，在有關事物的是非善惡中，又具有毫不為權勢所屈的凜然意志。甚至會因忤逆上司、前輩，而遭到休職的處分。由此看來，或者以為將軍是個感情偏狹過激的。其實不是這樣的，他在言行之間，會以詼諧溫和的言行使人親近，對待部屬，無不以真誠的心，來體察他們的痛苦；對陣亡的戰士遺族，常表哀矜之意。

古代中國流傳著這樣的故事：說吳起②用嘴吮吸士兵傷口流出的膿時，該兵士喜極而泣，遂立志在痊癒之後，一定會為將軍在戰場上拚命。兵士的母親聽到後感嘆道：「在人情上，理該這麼做，但是，你的父親也和你一樣為了報答將軍的吸膿之恩，陣亡在戰場上了啊！」吳起為部下吸膿療傷，是出於愛心？還是一種權術？這個做母親的或許有些懷疑，所以才發出以上的感嘆吧！

但是乃木將軍，確是真正出於天性的真誠在犒賞及慰問兵士的，這種行為不單在軍隊中如此，在學院任院長時，對學生的真情與愛護之心，也能隨處可見其流露。其次，乃木大將不僅擅武，他也富於文彩雅致之風。其實，一個忠誠之人如果僅有一身武骨，而對文學都不感興趣，無動於衷，也不能算是一個完整無缺的人了。所謂「身強力大而已者，武夫耳。」也有些書記載這方面的事。如帕薩摩司令忠度，在戰死時，懷中還懷抱著和歌的詩稿；又如八幡太郎義家③，家中也藏有勿來閣的詠歌，被人傳為美談。這便表示武人也有其風雅的一面。昔日的武士是武勇和文雅兼備，的確給人以典雅之感。乃木將軍也擅長詩歌，而且能以平易的言辭傳達高雅的意興，其筆法神妙極了。像他在二〇三高地的絕句，和歸故鄉而愧對父老的詩句，以及其辭世之歌，無一不是真情的自然流露，朗誦起來非常順暢，朗朗上口，毫無做作之氣。

由於乃木將軍這樣具有強烈的忠義奉公之念，所以在先帝不幸逝世之際，心痛之餘，才使他感到失去了生存的意義吧！當然，對於某些待辦的事情，如日本的軍事將來應該如何發展？或學院的校務應如何改進？甚至英國皇室來訪的接待事宜等等，都付以種種關心。然而，當先帝駕崩，這些工作，不論其輕重如何，卻難以代替他心事的沉重，思慮再三，在忍人之所不能忍的情況下，決定殉死以求解脫。果然如此，新聞一發佈，將軍的心事就展現在世人的面前，確實震驚世界。所以，我以為，值得世人讚頌的，並不是他的殉死一事，而是他一生六十餘年的行動及其所有的思想非常了不起。

一般說來，社會上青年的通病，在於只看一個人生命終結的那一剎那，並加以欽佩、敬慕，卻不去究明他們所以能獲得如此結果的原因究竟何在，這顯然很幼稚。看到某人顯達、富貴了，就羨慕，卻不知道人家為求成功所付出的勤奮。他們之所以顯達、富貴，是因為他們能夠在智識、力行與忍耐等方面，具有常人所不及的刻苦經營。不去想這些知識，力行與忍耐，只看到結果就欣羨不已，實在是令人不齒的啊！對於乃木大將而言，只感嘆他的壯烈一死，卻想不到他的人格和操行，這種態度，就如同只見人家富貴、顯達而一味羨慕其結果一樣。當然，我並沒有輕視殉死的意義，只是，對將軍來說，其所以感動天下的原因，與其說是壯烈無比的殉死行為，不如說是將軍平時的行為和心願所使然。

【注釋】

① 乃木大將：即乃木希典（一八四九年—一九一二年），日本明治時期的陸軍軍人，參加日清、日俄之爭，明治天皇去世時，與妻子一起殉死。

② 《史記・孫子吳起列傳》載：「卒有病疽，起為吮之。卒母聞而哭之。人曰：『子卒也，而將軍自吮其疽，何哭為』。母曰『非然也。往年吳公吮其父，其父戰不旋踵，遂死於敵。吳公今又吮其子，妾不知其死所矣。是以哭之。』」

③ 八幡太郎義家：即源義家（一〇三九年—一一〇六年），通稱八幡太郎，日本平安後期武將。

東照公的修養

子貢問：「師與商也孰賢？」子曰：「師也過，商也不及。」曰：「然則師愈與？」子曰：「過猶不及。」

——《論語・先進》

東照公[1]之所以令人驚嘆，在於他對神道、佛教及儒教等皆投以相當大的心力。他對於諸教曾進行種種調查，然後加以計畫推及，以謀求如何使國家興盛，這實在不是件容易的事。對此，歷史學家已有不少評論，而我也特別敬佩他在文教政治方面所做的工作。在佛教方面，有一位名叫梵舜的，因為不是一位太出色的學者，東照公也不佩服他，因此由南光坊天海[2]來調查佛教。在儒教方面則先聘藤原惺窩，隨後又以其弟子林道春作為官方儒學者，結果成就斐然，卓越的建立儒家卓越的宗派。

東照公非常尊重這一派儒教。特別是東照公自身常讀《論語》、《中庸》，歷史上也有記載。大家一定還記得，有一篇是漢字與平假名交織而成，名叫《神君遺訓》的文章，其中有一句話：「人之一生，如負重荷，如行遠道，切勿急躁……」。這遺訓完全出自論語，是東照公熟讀《論語》的證據。「士不可不弘毅，任重而道遠，仁以為己任，不亦重乎，死而後已，不亦遠乎。」是出自《論語・泰伯》曾子的話。這段話和「人之一生，如負重荷，如行遠道」意義完全相同。另外，段末所說的「不及勝於過」也是依據孔子的話。而孔子的原句是「過猶不及」，東照公則把原來相等地位改為不等而強調了「勝」。當然，僅此一點是不夠的。總之，東照公的遺訓出自《論語》，大家已經清楚的知道了。其他有關道德方面，也可看出費了東照公很大的心思。

元龜、天正之際，因為是持續不斷的亂世，在那樣的亂世中，人們對文學的興趣幾乎消失殆盡，也不知仁義道德為何物。在無人給他進言獻策之下，東照公竟然眼光遠大，已在為振興文學而煞費心思。而且所提倡的是根本性的文學，在修養上是以重現仁義道德為特色的朱子學說，東照公的這些用心，令我敬佩的無話可說。

從此以後，經學也漸漸衍生出各種派別，可是林家始終貫徹以朱子學說為主去發揚光大。另外，值得注意的是佛教方面。東照公對此鑽研也很深。他最初皈依三河的大樹寺，和這派僧侶們都有交誼。但是大樹寺是屬於淨土宗。接著，召用了位於芝地的一位名叫增上寺的住持。他遷移到駿河[3]之後，又任用了金地院的崇傳[4]、承兌[5]等人。最後任用的是開闢東睿山，受封為慈眼大師的南光坊天海。這位天海是僧侶中的英雄人物，他精力絕倫，活了一二六歲，比大畏侯爺所預想的還多活了一年。東照公深受他的影響，常常聆聽他講道說法——法談。翻閱南光坊天海的傳記，東照公在駿河聽他的法談，究竟有多少次，雖不能確知，但依據天海傳記的記述，有一年，在九十天當中，竟有過

六、七十次的法談。東照公在當時雖已隱居，可是他與江戶方面，也經常有書信往來，到京都後也同樣。可見其人雖已退休，並非閒散度日，悠然縱情於能樂[6]或茶道當中，而是一有閒暇就去聆聽慈眼大師的法談。在其他方面《德川實記》雖然沒有記述得很詳細，但南光坊天海常為德川的顧問，為他說種種道德，應該是可以想像的。

【注釋】

① 東照公：即德川家康，諡號為東照大權現，故稱東照公。

② 天海（一五三六年—一六四三年）：日本江戶初期天臺宗僧人。深受德川家康賞識，參與政務，後又得到德川秀忠和德川家光的信任。

③ 駿河：今靜岡縣中部。

④ 崇傳（一五六九年—一六三三年）：日本江戶初期參與幕政的僧侶。曾陪侍德川三個朝代的將軍，特別受到德川家康的信任和任用。

⑤ 承兌：日本臨濟宗僧人。

⑥ 能樂：日本的一種古典樂劇。中世紀由外來舞曲和日本傳統舞樂融合而成，演員戴能樂面具伴隨表演。

駁斥修養無用論

所謂修養，就是修身養德，包含磨練、研究、克己、忍耐等諸德目，強調人透過努力逐漸達到聖人和君子的境界。

——澀澤榮一

子張問崇德、辨惑。

子曰：「主忠信，徙義，崇德也。愛之欲其生，惡之欲其死；既欲其生，又欲其死；是惑也。『誠不以富，亦祇以異。』」

——《論語・顏淵》

談到修養一事，我曾經遭到別人的攻擊。攻擊我的說法，大體上可分為兩點：第一、修養會傷害人性的天真爛漫，所以不好；第二、修養會使人卑屈。我對這些異論曾經辯駁過，回答如下：

首先，主張修養會阻礙人性發達的人，這是一種誤解修養的說法，混淆了修養與修飾的不同。所謂修養，就是修身養德，包含磨練、研究、克己、忍耐等諸德目，強調人透過努力逐漸達到聖人和君子的境界。也就是說，一個人如果能夠有充分的修養，必能日復一日的改過遷善，而接近聖人的境地。若為了修養而有傷天真爛漫，那麼，就不會有人去追求當聖人君子了。至於說修養會使人成為偽君子，陷於卑屈，這種修養是錯誤的修養，不是我日常提倡的正當的修養。人要保持天真爛漫的自然天性才好，我也最為贊同，可是人的七情：喜、怒、哀、樂、愛、惡、欲的發作，無論何時何地都不可能毫無阻礙，就是聖人君子也只求有所節制即可。所以我斷言，那種認為修養會使人卑屈，會傷害人性的說法，是極大的錯誤。

其次，說修養使人卑屈，我認為那是他們忽視了禮節上要敬重虔誠所造成的妄說。一般而論，孝悌忠信、仁義道德得自日常的修養，人若愚昧、卑屈，絕不能達到聖人君子的境地。《大學》中的「格物致知」，王陽明的「致良知」也是修養。修養並不像捏造泥偶，它會增長人的良知，發揚人的靈性。修養累積愈深厚，其人處事接物，就會善惡分明，面臨取捨抉擇之時也才不會猶豫不決，而且還能從善如流。因此，要增長智慧，修養是不可或缺的。在重視修養的同時不輕視知識，只是，現在的教育過於偏重知識，缺乏精神的磨練。為了彌補這個缺陷，我們更要加強修養。如上面所說，以為修養與知識不相容，是大錯特錯的。總之，修養的涵義非常廣泛，是提升精神、知識、身體、品行各方面的磨練，不但青年須有修養，老人也要有修養。只有這樣不息的修養，才能到達聖人的境地。

以上是我對修養無用論提出來的兩種反對言論，希望青年們能夠根據這個理念，確實思考，好好的修養自己。

人格的修養法

若不能以高尚的人格行正義正道，即使取得了財富和地位，也絕對稱不上完全的成功。

——澀澤榮一

對於現代青年來說，我逐漸認為，最切實、最必要的是人格的修養。明治維新以前，社會上的道德教育比較興盛。維新後，隨著西洋文化之輸入，思想界就發生了不少變革，以今日社會的情況言之，幾乎是成了道德的混沌時代。儒教不但被視為舊的東西而被排斥，現代的青年對它更是既不認識也不瞭解。由於耶穌教義未形成一般的道德律，明治時代也沒有另行確定新道德，所以，當前日本思想界是完全處於動搖之中。國民無所適從，精神無所依歸。甚至，在一般青年之中，似乎人格修養一事已被完全忽視了。這是一種令人堪憂的現象。

在世界諸強國中，都有其宗教和道德律的建立。反觀日本帝國，卻依然處於思想道德的混沌時代，身為一個日本國民，我真是慚愧啊！試看現在的社會現象：人們往往走在利己主義的前端，為了利，似乎什麼事都可以忍。更有一種傾向，即與如何使國家富強相比，把追求自己的富裕放在首位。

富足原本就是極重要的事，人沒有必要效法顏回，以其「一簞食，一瓢飲，居陋巷不改其樂」作為生活上的指導方針。孔子說：「賢哉回也！」此褒揚顏淵安於清貧的話，裏面包含著「不義而富且貴，於我如浮雲」的意義。是在說富貴未必是壞事，我們無須加以貶謫。但如果人人僅以個人一身富裕為足，將國家社會的福利置之度外，視若無睹的話，那就令人感慨萬分了。

說到「富」，社會人心的歸向多半如此，其原因大多是因為社會一般人士之間欠缺人格修養的緣故。如果一個國家確立了國民所應遵守的道德律，人人能秉持信仰以立於社會，那麼人格自然會養成，會提升，社會也就不會再有唯利是圖的歪風吹襲了。因此，我奉勸青年們，務必修養人格。青年是真摯而率直的，而且身體充滿活力，上進心強，應該養成所謂「威武不能屈」的人格，這樣他日既可求一己之富，也能謀求國家的富強。請記住：在信仰動盪的社會中，青年們最易受人誘惑。所以青年們千萬要小心把持自我，以自重為要。

另外，人格修養的方法很多，有信仰佛教的，也有信仰基督教的。我從青年時代起就志在儒道，而且把孔孟之道作為我一生的指導原則，所以我深信，尊重「忠、信、孝、悌」之道，才是有人格養成的方法。換言之，注重孝悌忠信之道，就是以仁為本，蓋「孝悌也者，其為仁之本與」也，這是處於世上一日不可或缺的要件。在已經以忠信孝悌為根本修養的基礎上，再進一步努力講究啟發智慧的工夫，最為完善。智慧的啟發一旦不夠充分，就無法要求在處世中能完全發揮作用，更不能圓滿達成「忠信孝悌」之道。智能一旦發達，就能辨別待人接物的是非，也能創建利用厚生之道，並可與根本的道義觀念相一致，處世起來不致有任何謬誤和失敗，人生的終局才會得以圓滿成功。

對於人生的結局，如何才稱得上完美、成功呢？近來也有各式各樣的議論。有人認為，為達人生終局的目的，可以不擇手段，這是誤解了成功的意義。有人以為只要能夠累積財富，獲得地位，就是成功。我不能贊成這種說法。我認為若不能以高尚的人格行正義正道，即使取得了財富和地位，也絕對稱不上完全的成功。

商業無國界

明治三十六年（一九〇三年），三藩市突然爆發了學童問題，從此以後，日美兩國之間的關係就日趨淡薄。造成這種現象之原因，並不是日本人要疏遠美國人，而是美國某方人士日益厭惡日本人而產生的。這種情況一旦發生，就像明治三十五年在三藩市的金門公園看見的「禁止日本人在此游泳」的告示一樣，接二連三的發生。我一向對美國印象深刻，尤其是日美貿易的關係密切，所以對於日美外交方面頗感擔憂，並費盡心思謀求改善之道。不久，僑居在三藩市的日本人設立了在美日本人協會，會長手島謹爾，特別送一位名叫渡邊金藏的人回日本，要求我，為改善美國人厭惡日人的情緒，計畫設立在美日本人協會，請求祖國各界，體諒僑民的心意，並給予大力支持。因為他們意圖正當，時機合適，所以我答應他全力支持和幫助，並鼓勵美日兩國人民一起努力。我又向渡邊金藏氏談起明治三十五年的金門公園所見，還請轉告手島氏會長和其他的會員多加注意，諸如此類小事，切莫掉以輕心。這是明治四十一年的事。

同年秋天，有不少美國太平洋沿岸商業會議所的議員，來日本旅遊。這是因為我國的東京商業會議所和各地的商業會所地位相同，所以邀請太平洋沿岸商業會議所的議員們，組團來日旅行。當然促使日美外交和睦，化解眼前日美間誤解，才是首要目的。當時來日本旅遊的有三藩市的杜魯門，西雅圖的羅門，以及波特蘭的克拉克等人。我在種種聚會中，與他們進行了會談，就日美兩國間，歷年來的關係變革，詳細加以分析，希望能以他們的力量化解這種種的誤解。另一方面，也指出移居美國的日本人，或許尚未習慣歐美的風俗習慣，所以不講公德、態度粗鄙、形象惡劣，或不願受僑居地同化……等缺點，希望彼此體諒矯正，成為美國所歡迎的移民。關於這一點，是相當重要的。

處在今日自由開放的時代，如果因為人種的不同，宗教信仰的差異，就討厭日本人，那麼，以文明自居的美國人多少有些偏狹。假如真的有這種情況，那就是美國人的謬誤了。而且，也違背了美國當初建國的意旨。我日本能立足世界，是美國的功勞，日本人一向非常感激懷念這個恩德，所以努力增進兩國外交之間的親善關係。但若是美國懷有種族歧視及宗教差異的偏頗心而討厭日本人，並給予差別待遇，這是美國所不應該做的。總之，果然如此的話，我們不能不認為美國是以正義始而以暴戾終了。對我這一番誠意的話，當時來訪的商業同業公會諸位會員，都認為我言之有理，並欣然接受我的評言。

——第七章——

算盤與權利

世人動不動就說：《論語》缺乏權利思想，還有人認為沒有權利思想的東西，就無法施行文明國的完整教育。我認為這些論者的主張，必然是謬見和錯想。誠然，孔子之教從表面上看或許是像缺乏權利思想，特別是把它拿來跟以基督教為精髓的西方思想比較時，可能會發現，孔教在權利思想方面的觀念顯得就十分薄弱了。但是我還是認為，孔子和一開始就以宗教家面目出現的基督和釋迦牟尼不同，孔子並不是以宗教面對世人，特別是那時代的中國風俗，正帶有一切以義務為先，權利居後的傾向。

當仁不讓師

以宗教或以經文來說，耶穌教比較好；以人們所應操守之道而言，孔子之教較好。

——澀澤榮一

子曰：「當仁，不讓於師。」

——《論語・衛靈公》

世人動不動就說：《論語》缺乏權利思想，還有人認為沒有權利思想的東西，就無法施行文明國的完整教育。我認為這些論者的主張，必然是謬見和錯想。誠然，孔子之教從表面上看或許是像缺乏權利思想，特別是把它拿來跟以基督教為精髓的西方思想比較時，可能會發現，孔教在權利思想方面的觀念顯得就十分薄弱了。但是我還是認為，說這種話的人並沒有真正瞭解孔子。

孔子和一開始就以宗教家面目出現的基督和釋迦不同，孔子並不是以宗教面對世人，特別是孔子那時代的中國風俗，正帶有一切以義務為先，權利居後的傾向。所以在兩千年後的今天，才把他拿來和思想全然不同的基督相比，這種主張一開始就犯了根本的錯誤，所以，其比較結果也必然產生差異。那麼，孔子之教是否全然缺乏權利思想呢？以下就我所看到的稍加披露，以對社會作一啟蒙。

論語主張的教旨在於「律己」。教人這樣那樣，或者應該這樣那樣，全是用消極的方式來說明「人道」。如果我們真能將這種主張推廣，那麼最終結果一定可以讓人立足於天下。雖然孔子從一開始就好像沒有想過要為宗教而立其學說以教人，但是我們也不能因此下定結論說孔子完全沒有教育觀念。假如孔子有機會掌握政權，那麼他必然會施行善政、富國安民、推行王道等等措施了。換言之，孔子最初意向是在成為一位經世濟民的政治家。由於孔子以一個經世家的立場立於世間，當門人提出各種問題來問他的時候，他都曾一一給予回答。而他的門人，也是來自各階層的，因此詢問的內容就顯得相當廣泛，有問政事的，有問忠孝的，也有問禮樂、文學的，將這些問題與回答收集起來便成為論語二十篇了。孔子到了晚年（六十八歲時）才研究《詩經》，註解《書經》，編集《易經》，作《春秋》，如同福地櫻癡居士所說，孔子僅僅在六十八歲之後的五年間（孔子享年七十有三）才真正用心於傳道性的教學。他生在缺乏權利思想的社會，又不是以宗教家的立場立於世以引導他人，所以說，孔子在教育學說上很刻意的不去強調權利思想，實在是不得已之事。

與此相反，基督教完全以權利思想的充實來立教。本來猶太與埃及等國的風俗就是相信預言家所說的話，所以當時他們的社會出現了許多這樣的預言者。從基督的祖先亞伯拉罕至基督的近兩千年中，就出現過幾位像摩西、約翰的預言者，他們或預言聖王即將出來治世，或說將有國王一般的神，會來率領世人立於世。就在此時，基督誕生了，只因國王相信預言者的話，以為將有取代自己的統治者出世，這可是大事。惶恐之餘，命令兵士將附近的所有孩子都殺害了。由於基督的母親瑪麗亞帶著基督逃往他處，所以倖免於難。實際上，基督教其實就像這樣，產生在這種錯誤夢想的時代，因此教義的命令性較強，權利思想也很強烈。

然而，有人認為，基督教所談的「愛」與論語所教的「仁」，幾乎是一致的，只是有著主動與被動的差別。比如說，基督教教人「凡吾所欲，應施於人」；孔子則說「己所不欲勿施於人」，乍一看，孔子似乎僅管義務而無權利概念，但正如所謂兩極相通一樣，二者的最後目的是一致的。

但我認為，以宗教或以經文來說，耶穌教比較好；以人們所應操守之道而言，孔子之教較好。或許有人並不喜歡我這一觀點，可是在我看來，孔教不談奇蹟是人們特別對孔子抱有較高信賴度的原因吧！不管是基督，還是釋迦牟尼，都有很多奇蹟。如耶穌被釘在十字架後，三天又復活了，這不顯然是個奇蹟嗎？不過，因為這奇蹟發生在最優秀的人身上，因此我們就無法斷言絕無此事，但我不得不指出，這些奇蹟，是凡人的智慧所不能及的，如果完全相信，那豈不迷信到了極點？一旦我們同意這些事蹟為事實，人們的智力就完全暗淡無光了，那麼所說的一點水竟有神藥的功效，和砂鍋上燒的艾草也能具有醫療效果等等，長此以往下去，最終會造成很大的禍害。

日本雖然已被人們肯定為文明之國，但仍然存在著像冬寒季節白衣朝拜；不動之神撒豆驅邪等習俗，則被譏為迷信之國也無可奈何。而孔子對此令人討厭的奇蹟與迷信一件也不談，這就是我深信他的原因，這也是產生真正信仰的答案。

很明顯，《論語》也含有權利思想的觀念，如其中的一句話：「當仁不讓於師」，足已證明了。只要道理正確，就該堅持自己的主張，勇往直前。老師固然應該尊敬，但是，只要仁之所在，也可以不必禮讓老師，這句話難道沒包含著很生動的「權利」觀念嗎？其實，不只是這一句話而已，只要你能廣泛獵取《論語》各章，便可發現很多類似的語句。

金門公園裏的牌子

東西方人的宗教信仰不同，民族習性又互異，雖說關係親密，但也很難達到完全融合的地步。

——澀澤榮一

我第一次旅行歐洲是在舊幕府時代，慶應三年（一八六七年）到了法國，約待一年多，其間還到過其他國家，因此，對歐洲的諸多事宜也略知一二。遺憾的是，當時未能順道造訪美國。直到明治三十五年（西元一九〇二年），才第一次到了美國。在這之前雖沒有踏進美國的領土，但我從十四五歲時，就漸漸瞭解美國，尤其特別留意他們的外交關係。當然，日本與美國的外交關係一向合作得很好，所以一聽到「亞美利加」，總令人覺得愉悅親切。

當我第一次看到美國時，對事事物物都倍感欣悅，那種欣悅的心情，就像回到久別的故鄉一樣。最初，我由三藩市港口登陸，接觸到許多深感興趣的事物。但是，有一件事卻大大刺激了我的情緒，那就是當我走到金門公園的海水浴場時，赫然看到一個告示牌寫著：「禁止日本人在此游泳。」這對於一個像我這般對美國懷有滿腔好感的人來說，頓時產生了一種異常的感覺。當時在三藩市的日本領事是上野季三郎，於是我便問他為何有這樣一塊告示牌，他回答說：「移民到美國來的日本青年到這裏來游泳時，看到有美國婦女也在其間，就潛入水中去扯人家的腿，由於這類的惡作劇不少，所以就掛上了這個告示牌。聽完他的話，我非常震驚，原來是不良日本青年這麼沒有規矩所致。可是，就因為這麼一點小事，因此受到這般差別待遇，這對於日本人來說，實在是件令人痛心的事。更令人擔憂的是，如果這樣的事逐漸增多的話，也許會引發兩國關係變惡也未可知。更何況，東西方人的宗教信仰不同，民族習性又互異，雖說關係親密，但也很難達到完全融合的地步。因此，在我告辭之際，向領事表示：類似海水浴場之事件，絕不能再讓它發生，必須十分注意才好！這是明治三十五年六月初的事。

接著，在路經芝加哥、紐約、波斯頓與費城之後，來到了華盛頓。在此會見了當時美國的總統羅斯福，除此之外，還拜會了哈旦曼①、洛克菲勒②與斯希爾曼等美國當時一些著名人士。

初見羅斯福總統時，他不斷的稱讚日本的軍隊和美術。說日本軍隊勇敢且富戰略，又頗具仁愛之情；既知有所節制，也極為廉潔。羅斯福總統之所以這麼說，是因為在北清（八國聯軍）事件時，美國軍隊曾和日本軍隊共同行動，看到日本軍隊善良的形像，實在令人敬佩。他還說歐美人士也很欽羨日本的美術。歐美人士都有一種深深的感觸，覺得日本美術非常絕妙，無論他們怎樣努力也是望塵莫及的。我當時回答他說，我是一個銀行家，既不是美術家，也不是軍人，所以在軍事上一竅不通。

然而，閣下在我面前卻只讚賞日本這些我不懂的軍事和美術，我希望下次看到總統時，能對日本工商業有所稱讚，鄙人雖不肖，但我一定身先士卒（日本國民）在這方面努力奮進。對於我這個說法，羅斯福趕緊對先前的誇獎加以說明，說他並不是因日本的工商業落後，才褒揚其他方面，只是因為日本的軍事和美術最先引起他的注意，因此，面對著日本實力派人士時，以為先談談日本的特殊長處比較好，決沒有輕視日本工商業的意思。希望我不要對他的措辭不當而留下不好的印象。我立刻回答：「不」，絕沒有存在任何不好印象，並聲稱自己很感激總統對日本的優點如此讚揚，只是因為自己很期待工商業能夠成為日本的第三個長處，所以很盡心的經營各種企業。這一次的談話可說是胸無城府，卻也用盡苦心了。

此後，我又到美國各地去，會見了其他方面的人士，也接觸了形形色色的事物，很愉快的結束了美國之旅而後返國。

【注釋】

① 哈旦曼（Edward hanry harrimah，一八四八年—一九三七年）：美國的實業家。
② 洛克菲勒（Rockefeller，一八三九年—一九三七年）：美國的大資本家。

唯有仁義

我認為，像社會問題和勞動問題，是不能單靠法律的方法來解決的。

——澀澤榮一

子張問仁於孔子。孔子曰：「能行五者於天下，為仁矣。」請問之。曰：「恭，寬，信，敏，惠。恭則不侮，寬則得眾，信則人任焉，敏則有功，惠則足以使人。」

——《論語・陽貨》

我認為，像社會問題和勞動問題，是不能單靠法律的方法來解決的。例如：在一個家族中，父子、兄弟，乃至親族之間，如果每個人都各自主張他的權利，一切都要仰仗法律裁決的話，那麼，人情自然趨於淡薄，人與人之間也都會樹立著一道無形的牆，最後只有演變成彼此針鋒相對，犄角互撞，全家團圓和樂相處的希望也因此破滅。我以為，貧富之間的關係與此差不多。資本家與勞動者之間，在過去向來是以家族關係成立起來的。而現在突然指定了法律，要以此來處理，這種演變，從表面上看似乎很有道理，但實施的結果，真能如當局的理想嗎？資本家與勞動者之間多年來的關係，已結合了一種無法用言語來表達的感情，如果因立法以明瞭並主張彼此的權利義務，勢必會把這種關係分隔，使管理者勞神費心的意義全無，也許還達不到原來的目的。因此，在這方面，有必要再深入的研究一番。

在這裏，我略談一下我的想法。我以為，法律的制定固然很好，但大家切莫因為已經制定了它，而凡事都要利用法律來裁判。如果富人與貧民能本著仁道，即按人類行為的準則來處世的話，那麼，將遠勝於百個法條，千個規則。換言之，只要資本家以仁道對待勞動者，勞動者也以仁道對待資本家，雙方都能領悟到他們事業之成敗即為他們共同之得失；或相互以同情的態度，共同努力，才能得到真正的調和。如果勞資雙方都利用法律規定各自的權利義務的話，那麼像權利和義務觀念，除了在二者之間劃下一道鴻溝之外，幾乎不會造成任何的效果。前幾年我曾到歐美漫遊，親眼看到，德國有一家叫「克倫布」的鋼鐵公司，還有美國波斯頓附近一家叫「奧陸薩姆」的時鐘公司，他們的公司組織都完全家族化，資本家和工人兩者之間相處得十分融洽，不禁令我讚嘆起來。這正是我所謂的仁道的圓滿表現。在這種情況下，制定的法律也就成了一紙空文。如果真的能夠達到這個理想，不論勞動問題還是其他問題，法律成不成立都不足介意了。

然而，社會上並沒有注意到這種仁道精神，有人甚至還想胡亂的將貧富懸殊的現象強制性的拉平，卻不知不管是哪個世界，不論是哪一時代，都會存在著貧富差距的問題，只是程度上有所不同而已。當然能使全國人民都成為富豪那是最好不過了，但人有賢與愚之別，有能與無能之差，讓他們一樣富有，那是可望不可及的。因此，想把財富分配平均那是一種空想。

總之，有富必有貧，在此論旨之下，世人都排擠富人，又怎能達成富國強兵之望呢？況且，國家的富強有賴於個人的富有，如果個人無欲求富，國家之富如何可得？只有在希望國家富有，也希望個人富有的氣氛下，人人才能日益勤奮，自我勉勵。如果因此而產生貧富懸殊的現象，那也是自然的趨勢，只能看作是人類社會中不可避免的規則而加以約束，別無更好的辦法。這樣說來，有識之士應當覺悟到，保持雙方關係的圓滿和諧，這一點是一天也不可缺少的。絕不可因貧富的差異是一種自然傾向，就任其自然的發展，置之不理，如果那樣，終究有一天會惹起非常嚴重的後果。因此，我深切希望，作為防患於未然的手段，人人都能專心致力於仁道的振興。

競爭的善意與惡意

無論從事那種行業，都應該努力深入到自己所從事的事業中，也應該密切注意，在追求進步的同時，牢記不要進行惡意的競爭。

——澀澤榮一

子曰：「君子無所爭，必也射乎！揖讓而升，下而飲，其爭也君子。」

——《論語・八佾》

在這裏我想對實業家們，特別是從事出口貿易的諸君講講商業道德。看起來好像只有商業才有道德可談，其實，道德是所有人的行為準則，並不僅僅只有商業才有道德。商業的道德、武士的道德以及政治家的道德都是一樣的，我們不能說商業道德是這樣，而武士道德是那樣。道德不像當官的官服上的線，根據職位的不同，可以是三條也可以是四條，因為道德就是人道，是所有人都應遵守的，用孔子的話來說就是「孝悌也者，其為仁之本與！」意思就是：先由孝悌出發，逐漸擴大實踐至仁義、忠恕的境界，這些統稱為道德。但我要談的並不是這種廣泛的道德，而是商業競爭方面的道德，尤其是從事出口貿易的諸君要注意。我一直希望的是，要從道德出發嚴格遵守協商和雙方之間的約定。

社會上各行各業之間產生競爭是必然的，有競爭才能促進生產的發展，社會才有進步。正所謂「競爭乃努力與進步之母」。但是，競爭也有善與惡，這裏我把它分為善意競爭與惡意競爭兩大類別。比方說，每天早上比別人起得早，發憤學習，在智力和上進心方面超過其他人，這就是善的競爭。但是，如果以仿冒、掠奪的方式，將別人努力所得來的勞動成果拿來當作自己的，或以旁門左道的方式來侵害他人，這就是惡的競爭。簡單的說，競爭就分善惡兩種，但是由於社會上的事業種類繁多，因此競爭也可無限的去分。如果競爭的性質不善的話，雖然有時也會使自己得到很多好處，但在大多數情況下，這種競爭不僅妨害別人，而且自身也會蒙受損失，更嚴重的是，此弊病不只限於自己和他人之間的關係，有時還會波及到國家。也就是說，一旦其他國家的人輕蔑日本商人，認為日本商人不像話，到了這種地步，這弊害著實也太大了。我不敢斷定今天社會的各位中是否有人做過這樣的事，萬一有的話，還希望聽從我的苦口婆心。聽說現在社會上這種弊害很多，尤其是雜貨出口商之間，經常發生惡性競爭，也就是欠缺道德的作法，既損人害己，同時也使國家的信譽遭到敗壞。雖然大家想努力提升工商業者的地位，但這樣的行為不正背道而馳嗎？

那麼，我們如何經營才算最妥善呢？這點，不用事實根據是難以說清楚的。我建議：努力從事善意的競爭，盡量避免惡意的競爭。所謂避免惡意的競爭，也就是尊重彼此間的商業道德，如果彼此之間都能牢固的堅持這種明確的觀念，那麼，即使努力過度也不會陷入惡意的競爭。至於如何掌握這分寸，縱然不讀《聖經》，不懂《論語》，也一定會明白的。本來，道德本身並不複雜，以東方道德來說，四個文字並列起來，道德看起來就像茶道的儀式，或變成八股文章或口號，這樣，講道德的人與履行道德的人截然相分，這實在不妙。其實，應把道德當作日常應有的事物，諸如信守約定的時間，不遲到，也是道德的表現；或者對人應該讓步時就給予相當的禮讓也是道德的表現；或者在別人前面予人安心的作法也是道德；臨事而保持俠義之心，這也是一種道德；即使在販賣東西的時候，其間也包含有道德。所以，道德這東西是無時不存，無處不在的。

但是，有人卻將遵守道德看得很難，而把它擱到一邊。叫人要遵守道德時就說，從今天起要履行道德；這個時間是道德的時間等等，未免也太不自然了。其實，遵守道德並不是這樣困難。對工商業來說，彼此之間競爭上的道德，就是我在前文反覆說到的善意競爭與惡意競爭之別，如果工商業界，明白用妨害別人的方法來奪取別人的利益，這就叫惡意的競爭。相反的，對產品精益求精，不做侵奪他人利益的事，這就是善意的競爭。也就是說，善意與惡意競爭之間的分界能用良知去辨別並謹守，這就是商業道德了。要言之，無論從事那種行業，都應該努力深入到自己所從事的事業中，也應該密切注意，在追求進步的同時，牢記不要進行惡意的競爭。

合理的經營

我常把《論語》當作商業上的聖經，在經營時，一步也不敢超越孔子之道。

——澀澤榮一

哀公問於有若曰：「年饑，用不足，如之何？」

有若對曰：「盍徹乎？」

曰：「二，吾猶不足，如之何其徹也？」

對曰：「百姓足，君孰不足？百姓不足，君孰與足？」

——《論語・顏淵》

現代企業界有一種怪現象，就是有些德性不好的幹部，將股東所委託的資金，看作是自己專有的東西，任意使用，謀取私利。因此，公司內部演變成了一個策劃陰謀的地方，公私不分，秘密行動到處進行，這種現象實在令人痛心嘆惜！

本來，商業與政治比較起來，應該是公開的、機密較少的活動，當然，銀行的工作性質不同，不得不保守幾分秘密。例如誰貸了多少款？他用什麼做抵押？從道義上說是非保密不可的。就一般的商業買賣來說，應當是以誠實為主，當然，一種物品的進價是多少，應以什麼價出售，有多少利潤等，也沒有必要特意的告訴別人。

要言之，只要沒有什麼不當的，緘默不說在道德上就不會認為是不恰當的行為。除此而外，例如把有的東西說成沒有，把沒有的東西說成有，這純粹是欺騙的行為，顯然是不應當的。所以，在正直、正當的買賣中，應該是沒有任何秘密才是。但是，我們的現實如何呢？一些公司裏不必要有的秘密卻被視為秘密看待，而應該保有的秘密，職員卻用來圖謀私利，為什麼會產生這種情況呢？我可以毫不猶豫的斷定是經理用人不當。

既然這樣，只要有合適的人選來擔任經理，這種禍根不就能自然消除嗎？但是，說起來容易，做起來難，同樣的，把適當的人才放在適當的場所，也並非易事。目前社會上，仍然有許多沒有資格當董事或經理的人而身居其位，例如，有些所謂的掛名董事把公司當成消遣的地方。他們淺薄的想法固然應該受人唾棄，但此種欲望並沒有什麼危害性，因此，不必擔心這些人會做出什麼壞事。

其次，又有一種好好先生，可惜他們並不具有經營事業的才能，讓這些人位居董事的話，既不能辨識其手下能力的好壞，也沒有查閱帳目的能力，於是，在不知不覺之中，就被手下職員所矇騙，雖然錯誤不是自己造成的，但最後卻不得不陷入無法自拔的境地。雖然與前者相比，罪過稍微大了點，但這兩種董事顯然都不是故意要作奸犯科。

然而，尚有一種比前述兩種更為嚴重的，則是利用公司作為謀取自己高升的跳板，或者把公司當作自己圖謀私欲的機關。這種罪惡實在是不可饒恕。他們的手段很多，例如：以股價如不抬高就不太方便經營為由，做假帳以顯示虛偽的利益，來進行虛偽的分紅，利用一手遮天的欺瞞方式引股東上當，這種作法，這明顯是一種欺詐的行為。

不過，這種行為尚屬小巫，更有甚者，如挪用公司的款項投機，或投資自己私人的企業，這分明就是一個盜賊。這種壞事之所以會發生，還是緣於缺乏道德修養之故。如果公司的董事能誠心誠意的忠於自己的事業，這種卑劣的行為是不會出現的。

在經營事業時，我一向本著忠於職守和對國家有貢獻的態度。即使是些微不足道的小事，或自己得不到太多的利益的事，只要做完這些事情後對國家有貢獻，且經營又合理，我都非常樂意去經營。所以，我常把《論語》當作商業上的聖經，在經營時，一步也不敢超越孔子之道。而我對企業經營的理念是：一人得利不如讓社會大眾蒙惠。為達此目標，我就必須竭盡所能將我的事業經營得很穩固，且生意興旺發達。

記得福澤先生有一句話說：「讀者不多，則著書效果不大；著者應該以『造福自己一人不如讓國家社會蒙利』的觀念去執筆立論。」此教訓我銘記在心，實業界所要把持的理念也與這個道理一樣，對整個社會無益的事，就不能說是正當的事業。

縱然事業有成，但僅僅是讓自己一人成為巨富，而整個社會卻因而陷入貧困，這將是如何悲慘的情景啊！再者，不管這個人多麼富有，若沒有其他人與其相配合，其幸福焉能持續不斷呢？所以，我們的經營事業之道，應該以謀求國家多數人致富為根本。

—第八章—

實業與士道

孔子曰：「富與貴，是人之所欲也。不以其道得之，不處也。貧與賤，是人之所惡也。不以其道得之，不去也。」這難道不適合武士道的精髓——正義、廉直、俠義等觀念嗎？上述孔子的格言是說，「賢者居於貧賤而不易其道」，這樣的精神，如武士奔赴戰場，勇往直前一樣。也就是說，不以其道得之，即使能得富貴，也不能安然處之。此義與古時的武士若不能以其道取之則絲毫不取的意義如出一轍。

武士道即實業之道

富貴，雖聖賢亦望得之，而貧賤則亦非聖賢所求。只是聖賢之流是以道義為本，而把富貴貧賤作為末。

——澀澤榮一

子曰：「富與貴，是人之所欲也，不以其道得之，不處也；貧與賤，是人之所惡也，不以其道得之，不去也。君子去仁，惡乎成名？君子無終食之間違仁，造次必於是，顛沛必於是。」

——《論語・里仁》

武士道①的真諦包括正義、廉直、俠義、敢為和禮讓等美德，這些美德雖可稱之為武士道，但是，武士道的精神卻是一個相當複雜的道德觀念。讓我感到遺憾的是，堪稱為日本精華的武士道，從古到今，只流行於士人社會，而在增產功利的商人中，卻是極其缺乏此種精神。

古時候的工商業者，對武士道的觀念有明顯的誤解，他們認為如果把正義、廉直、俠義、敢為和禮讓等做法用到工商業中，那麼生意就會無從做起。像「士不飲盜泉之水」這樣的氣節，對於工商業者來說，是一大禁忌！雖然這似乎也是時勢所使然，但如同士人需武士道一樣，工商業者也不能沒有其道，那些所謂工商業者不需要道德，實在是毫無道理的謬論。總之，在封建時代，這種把武士道與增產功利之道對立起來的看法，就像後世儒者認為仁與富不能並行的觀念一樣，都是謬誤。至於這兩者不是背道而馳的理由，現在已經被世人所認識和瞭解了。

孔子曰：「富與貴，是人之所欲也，不以其道得之，不處也；貧與賤，是人之所惡也，不以其道得之，不去也。」這難道不適合武士道的精髓——正義、廉直、俠義等觀念嗎？上述孔子的格言是說，「賢者居於貧賤而不易其道」，這樣的精神，如武士奔赴戰場，勇往直前一樣。也就是說，不以其道得之，即使能得富貴，也不能安然處之。此義與古時的武士若不能以其道取之則絲毫不取的意義如出一轍。由此可見，富貴，雖聖賢亦望得之，而貧賤則亦非聖賢所求。只是聖賢之流是以道義為本，而把富貴貧賤作為末。可是，古時的工商業者反對這種作風，最終是把富貴貧賤以為本，道義為末，這誤解豈不是太嚴重了嗎？依我看，武士道並不只在儒者或武士這些人之中流行，在文明的國家中，工商業者也存在其立身之道。

如西方的工商業者，他們相互尊重彼此間的約定，即使有所損益，既有約定，必信守履行，絕不違反前約，這樣的作風，就是出自於牢固德義心之下的正義廉直的觀念。然而，我們日本的工商業者，卻還不能完全擺脫舊習，往往存在著無視道德觀念、圖暫時利益的傾向，這種作風真是令人感到不安。歐美人也常常指責日本人的這種作風。在商業往來中，也不敢絕對信任日本人，這對日本的工商業者來說，是非常大的損失。一般而論，忘卻為人處世的本旨，違背道德去圖謀私利、私欲，或者諂媚權貴以求得一身的榮華富貴，這些都是無視人間行為的標準，因此，這絕不是永久維持其身家及其地位的方法。如果能以處世立身為志，那麼，不管從事任何職業，也不管其身分，只要始終堅持以自力為本位，須臾不背離正道，專心致志的力行，然後精厲籌謀既富且榮之計，這才能過上真正有意義有價值的生活。現在，把武士道移用為實業道是最好不過的。日本人必須要堅持以充滿大和魂[2]的武士道來立身，不管是商業，還是工業，都要本此心靈，如過去日本人在戰場上所表現的那麼優異一樣，在工商業上也能與世界各國一較長短。

【注釋】

①武士道：日本幕府時代形成的武士道德律，是維護封建體制的思想觀念，以重視忠誠、信義、犧牲、廉恥、純潔、樸實、節儉、尚武、名譽等為內容。

②大和魂：指日本的民族文化精神。

文明人的貪婪

一味的企圖擴張本國的那種貪戾心，固然是令人厭惡的，但其官民一致，共謀國家富強的努力，則令人非常欽佩。

——澀澤榮一

關於第一次世界大戰，完全出乎我的意料之外，我覺得我的觀察已經錯誤，我很擔心將來是否還會觀察錯誤。然而，我的觀察之所以會錯誤，是因為沒有料到文明人也會這樣貪戾而暴虐，古訓說「一人貪戾，一國做亂」，現在整個歐陸的表現，正是這句古訓的具體呈現。由於在文明社會中出現了這種不應有的事，導致我產生了錯誤的觀察。果真如此，可能是由於我智力所不及，但我也不得不冷笑的說，這難道不是文明人貪戾所造成的結果嗎？雖說大戰的結局將會如何，也許我很短視，目前無法斷言，但其結局要麼是列強都疲憊不堪，要麼就是一方威力大衰，最後在某種條件下終結。

歷史學家說：百年之後地圖的顏色將會改變。根據這個原則，我們更應從中見到工商業上勢力變動的情況。未來的工商業將如何變化呢？對於這種變化，我們應該以什麼樣的覺悟來應付呢？我們應該考慮和應準備的知識，都在這裏。我向來不談政治或軍事上的問題，我也沒有那一方面的知識，所以，現在我只想說有關工商業方面的問題。今後，隨著地圖的變化，工商業的勢力範圍也將隨之變化，對此必須有適當準備和實行，這責任就落在未來當事者的身上，而這些未來的當事者，不外是現代的青年。因此，青年們從今天起就應該深思熟慮，好好講求對策來應付未來之變局。

任何一個國家，為了促進本國工商業的發展，都要向海外謀求自己國家產品的銷路，因應人口的增加而講求如何擴大領土，除此之外，也要運用各種策略，以便增大自己的勢力。

現在，歐洲列強之所以雄居五大洲，完全是因為他們注意到這些要領。他們佔據了優越的地位，所以特稱為優越的國家。像德國皇帝就很重視本國工商業的發展，就是由這一個想法而來。向來，皇帝對國力的生產發展和海外殖民的重視，是很難得的事，如果能稍稍留意，那麼任何人都會覺得皇帝為什麼如此細緻，如此勞心。譬如說，為了與英國、法國的工商業競爭，日俄戰爭後，德國若看到日本的雜貨在各地大受歡迎，立即就加以仿造。

總之，德國盡量在學術技藝上多給予保護與便利；工商業常常與政治、軍備相聯結，像中央銀行也盡力為工商業提供方便，提供融通的資金等等，由此可以見到德國上下是如何齊心致力於增加國富的。

此外，至於學問方面，如化學、發明、技術、精工等方面，無所不包，巨細靡遺的研究，或許還力不從心。因為此次大戰後，連遙遠的日本也有藥品、染料等物品欠缺的事實，進而知道德國的勢力已經擴展到世界的各個角落了。當然，一味的企圖擴張本國的那種貪戾心，固然是令人厭惡的，但其官民一致，共謀國家富強的努力，則令人非常欽佩。

回過頭來，看看我國的工商業，多半不統一而一蹶不振，特別是受戰亂的影響，生絲的價格大跌，棉紗、棉布的市場呆滯。總的說來，正呈現著交易萎靡，有價證券行情下跌，新的事業無力興起的狀態。但是，不難想像的是這些狀況遲早也會恢復。因此，目前對暫時的困難，縱然難堪，從業者也必須大力鼓起勇氣來。同時，我想，在另一方面，也必須大力抓住好這次時機。

現在，我們的實業家因目前的不景氣而畏縮不前，實在是極其懦弱的行為。只要我們不看錯著眼點，在戰爭期間，進行充分的研究，而後漸次努力，以產生實際的效果。特別是，與中國發展工商業關係，由於國土接近，人情風俗和歐美人比較起來，也更密切，因此，日本人在中國應該比歐美列強做得更為出色才對。

可是事實上，與其他列強相比，日本卻遜色許多，這實在令人太不放心。我們必須時時謹記，要努力去開發中國的資源，促進其產業，擴大其市場，增加在通商上的利益，但從目前我國國民在中國經營工商業的情況看，往往都是個別的、分散的，彼此之間毫無聯繫。觀乎德國的政治、經濟機構既統一，彼此又能保持密切的關係。鑑於此，我國國民無論在歷史上，還是在人種上，都占了不少便宜，因此必須具有絕不能落在其後面的決心。這正是我對青年們最大的希望，希望今日的青年能注意這些地方，並投入大量的心力。

宜以相愛忠恕之道交友

商業的真正目的乃在互通有無，彼此蒙惠。殖利生產的事業也要與道德相隨，才能達到真正的目的。

——澀澤榮一

中日兩國之間，有同文同種的關係，無論是從國土相鄰的地理位置，還是從自古以來的歷史淵源而論，乃至思想、風俗、習慣等方面具有的共同點來看，都應該是互相提攜、彼此合作的兩個國家。那麼，應當如何達到提攜之實呢？其對策無他，不外乎理解人情，己所不欲，勿施於人，以相愛忠恕之道相交往而已。這一方法也包含在《論語》中。商業的真正目的乃在互通有無，彼此蒙惠。殖利生產的事業也要與道德相隨，才能達到真正的目的。因此，在我國與中國的事業發生關係之際，也應持有忠恕的觀念。我們當然要謀求本國的利益，但同時也要對中國有利。這樣，要達到真正相互提攜的目的，絕不會太難。首先，我們應該嘗試的就是開拓事業，也就是開發中國的豐富資源，拓展天然的寶庫，以增進國家的財富。至於經營的方式，則以兩國國民共同出資合辦為最好。不單是開拓事業如此，其他事業最好也採取中日合作的形式。這樣，就會形成中日兩國間在經濟上有緊密的關係，進而實現兩國之間真正得到了彼此提攜的目的。我的關係企業——中日實業會社，就是依照上述宗旨發起設立的，我所以期待其成功，理由也在於此。

透過對史籍的瞭解，我們尊敬的中國從唐虞三代到後來的殷國時代，當時中國的文化最發達，是一個光輝燦爛的時代。至於科學智識，在當時的史籍所能看到的天文記事雖然被認為不合現代的學理，但把當時的很多事與現在的中國相比，真有今不如昔的感覺。其後，通覽西漢、東漢、六朝、唐、五代、宋、元、明、清所謂的二十一史，各朝代人物輩出，自不可言喻。秦有萬里長城，隋有煬帝的大運河，當時建設這些大工程的目的何在，姑且不論，單就其規模之宏大一端，便可瞭解縱使今世也望塵莫及。因此，自唐虞三代到殷周時代絢爛的文化，不難從史籍中窺知一二。

這次（一九一四春）踏上中國的土地，實際考察了民情風情，則宛如透過極精緻巧妙的繪畫，想像美人的模樣，可是等後來親眼看到真實的人，才發現不如想像時的美而滿懷遺憾，正因為開始想像太好，所以失望也深，可以說是適得其反。而我身處儒教的發源地，卻班門弄斧的大談《論語》，也算蔚為奇觀了。這次中國之旅令我感受最深的是，儘管中國有上流社會，有下層社會，但卻不存在國家中堅份子的中流社會。識見、人格都非常卓越的人物雖然不能說少，但以全體國民來觀察，就發現個人主義、利己主義相當突出，而且普遍缺乏國家觀念。由於缺乏真正的憂國之心，加上一國之中又無中流社會，這兩點可以說是當今中國的兩大缺點。

征服自然的抗拒

隨著文明的進步，交通工具的發達，地球的面積似乎逐漸的縮小了，在最近的半個世紀中這種進步簡直有隔世之感。

——澀澤榮一

隨著世界文明的進步，人類能用智慧征服大自然，增加了海陸交通的便利，而使世界的距離大為縮小，實在令人驚嘆。過去，在中國有天圓地方的說法，認為我們日本人所住的大地是方形的，而且，除了自己的國家之外，幾乎不承認有其他的國家存在。我國當初也受到了這種偏狹見解的誘導啟發，所以提起日本以外的國家時，就馬上聯想到唐天竺，而且只有唐天竺而已，甚且不知世界為何物，世界到底有多大。

至於五大洲，那是連做夢也無法想到的地方。現在回想起來，幼時聽到的童話中，說大鵬張開兩翼，長度竟達三千里，也不曾看到世界的邊涯。由此童話可見當時日本人對世界是如何的無知。既然世界這樣的廣大無邊，以我們人的智慧要一探究竟，實在太難了。然而，隨著文明的進步，交通工具的發達，地球的面積似乎逐漸的縮小了，在最近的半個世紀中這種進步簡直有隔世之感。

回顧一八六七年，拿破倫三世在位時，法國巴黎召開了世界博覽大會，德川幕府派了將軍的親弟德川民部大輔①為特命使節，我以隨行的一員隨行渡歐。當時，我們一行從橫濱搭乘法國郵輪經印度洋、紅海到達蘇伊士海峽時，法國人雷賽布②所經營的運河開鑿大工程，已經開始，但尚未完成。所以，我們一行在那裏只能棄船登陸，乘鐵路橫穿埃及，經開羅，出亞力山大港，再乘船渡過地中海。自橫濱出海以來，經過五十五天，才到達法國的馬賽。隔年冬季歸國時，也經過該地峽，但運河工程仍然尚未完工。

之後（一八六九年十一月），該運河終於開通了，各國的艦船都能通航，在歐亞交通上開闢了一個新的局面。在兩洲之間的貿易、航海、軍事和外交等方面，隨而迎來了一大變革。在這同時，各國的艦船愈造愈大，速度也大大增快了，大西洋自不待言，連太平洋的面積也似乎被縮小了。再加上西伯利亞橫貫鐵路的完工，使歐亞的交通，東西的聯結，展開了新的紀元，天涯若比鄰終於成為現實。但令人遺憾的是，美洲大陸的半腰之處有一帶狀的地峽，像蜿蜒的長蛇縱貫南北，徒然遮斷大西洋、太平洋兩海洋的聯絡。

為了排除這一障礙，雷賽布等飽嘗辛酸，但不幸屢屢失敗。正想無功而返時，我東鄰的友邦（美國）以其雄偉的力量，終使巴拿馬運河開鑿工程大功告成，使南北之水相通交融，東西半球就完全成了比鄰。

東洋有諺語說「長命多恥」，但最近五十年間世界交通的發達和海運距離的縮短如此顯著，前後幾乎有天壤之別，如此一想，身處太平盛世，蒙受餘澤，長壽毋寧是可喜可賀的幸福。

【注釋】

① 大輔：日本古時中央各省次官以上的官職。

② 雷賽布（Ferdinand lesseps，一八〇五年—一八九四年）：法國外交官，經埃及許可，一八五九—一八六九年開鑿蘇伊士運河，此外也從事了巴拿馬運河的開鑿。

模仿與自創

我真誠希望國民有高度的自覺，就在今日、此時此刻，訣別心醉的時代，揮別那模仿的時代，走入自動自發、自主自得的境域。

——澀澤榮一

有識者常常說，我國的國民在思想上應該要避免一些惡習，這就是偏愛舶來品的壞風氣。並不是要特別排斥舶來品，但偏重之餘，也沒有什麼好理由來鄙視國貨吧！可是現在一說到是舶來品，就以為是優秀的，這種觀念根深蒂固的存在於全國人民之間，實在令人慨嘆。原因就是日本文明最近的發展，多數是從歐美諸國移植過來的，過去就已為歐化而用心良苦，如今餘弊尚存，卻呈現在外來貨的偏愛上。

但是，明治維新早已過了半個世紀，今日的日本成了東方的盟主、世界的一等國，醉心歐美的夢到底什麼時候才能醒過來呢？輕蔑本國的短見還打算持續到何時？實在是毫無自尊可言。因為一塊肥皂貼有外國的商標，所以這塊肥皂一下就成了好的；因為是舶來品，所以不喝外國製造的威士忌會被人家看作土包子，如此這般，獨立國的權威，大國民的胸襟，又如何保有？我真誠希望國民有高度的自覺，就在今日、此時此刻，訣別心醉的時代，揮別那模仿的時代，走入自動自發、自主自得的境域。

有無相通是經濟原則，我並非惡意的鼓吹排外思想，凡事總有得失。前幾年，頒佈戊申詔書[1]時，很多人都把它誤解為極端不合理的消極主義，將獎勵國產的宣傳認作極端的消極主義、排外主義，許多人都感到迷惑，進而還有人認為這有可能帶來國家的大損失。

有無相通是數千年前就已被公認的經濟上的原則，違反這個大原則，是不可能謀求經濟發展的。以一縣的情形來講，比如說佐渡[2]縣得金、越後[3]縣產米。就一個地區而論，臺灣出砂糖，日本關東[4]產絲。進一步把這道理擴大到國際間來驗證，美國的小麥、印度的棉花，都因地域的不同而產品互異。我們食用他們的麥粉，購買他們的棉花，然後，賣出我們的生絲、棉紗。不過有一點要特別注意，要生產適合我國人民使用的產品，不要過度購買不適合國人之物。這個原則千萬不可弄錯。

其次，我們有必要設置獎勵會。光有獎勵的呼聲是沒有什麼效益的。但是，由於採取了組織的形式，所以，為了貫徹其目的，就一定要著手辦實際的事業，以示範天下。目前除了發行會報之外，並沒有什麼具體的決定。今後應該照規則書所說的，從事國產工商業調查研究，舉辦產品評比會，演講會；好好設備一下商品陳列場，辦理一般的疑難解答，擬定出口獎勵辦法等。我認為，其中研究所的設立、產業上的諮詢、市場或產品的介紹，試驗分析、接受證明的委託等方面，都對國家產業的發展有極大的裨益。事業的成敗關鍵決定在每一個人的雙肩之上，所以都必須為這個會的發展和利益而出力。

最後，我想向當局者進上一言，獎勵固然應該大力去做，但是，如果進行得不合理，或找錯獎勵對象，也會發生反效果的。親切的做法，反而產生不親切的結果，保護之心卻變成干涉、束縛之實。因此，我切望在從事商品試驗和介紹之際，一定要拋棄私利私情，一心為公，切不要忘了公平與親切的原則。再者，那些想利用日本產品風靡的形勢，粗製濫造一些沒有用的東西，欺騙善良的國民，以中飽私囊的商人不可說沒有。如果是這樣，就會大大阻礙本國產品的發展，大家必須相互警戒，以防止不逞之徒的出現。

【注釋】

① 戊申詔書：明治四十一年（戊申年，一九〇九年）十月十三日，明治天皇頒佈的詔書，目的是力戒浮華。日俄戰爭後國民醉心於勝利，人心流於浮華之弊，以顯示出國民道義的根本。

② 佐渡：舊國名，日本海島嶼之一，今屬新潟縣。

③ 越後：舊國名，今日本新潟縣。

④ 關東：指稱日本東京地區，包括今東京都和神奈川、崎玉、群馬、櫪木、茨城、千葉六縣。當時臺灣是日本的殖民地。

責任究竟在誰

目前的當務之急就是要致力於仁義道德的修養，使仁義道德的修養與物質文明的進步不相上下。

——澀澤榮一

子曰：「君子之於天下也，無適也，無莫也，義之與比。」

——《論語・里仁》

世人動不動就說，維新之後的商業道德，不但沒有伴隨著文化的進步而提升，相反的，卻衰退了。但是，我並不瞭解為什麼人們會認為道德退步或頹廢了呢？

把今日的工商業者與昔日的工商業者相比，到底那一方更富於道德觀念，那一方更重信用？我敢毫不忌憚的斷言，今日是遠比過去好多了。但是，今日道德的進步卻沒有達到其他事物進步的程度，因而有前述的說法產生。

我沒有必要反駁世人之說。只是，我們處於這種狀況下，應當探索產生這種輿論的原因，使道德能盡早發展，和物質文明並駕齊驅。這樣，在前述的方法之下講道德才是先決問題。但是，也不需要特意去下工夫或找方法，只要在日常經營中稍加注意就足夠了，這並不是件多麼困難的事！

維新以來，物質文明突飛猛進，可是道德的進步卻沒有與之相應。故世人對這個不成比例的現象，特別注意，認為是商業道德退步了，因此我認為：目前的當務之急就是要致力於仁義道德的修養，使仁義道德的修養與物質文明的進步不相上下。

但從另一方面來考察，只看到外國的風尚就想原封不動、毫無修改的應用於我國，這或許是行不通的。國家不同，道德觀念自然也各異，故必須仔細的洞察社會的風尚，體會祖先遺留下來的風俗習慣，以培養適合我國社會的道德觀念。

舉一個例子來說：「父召無諾，君命則不待駕而行。」這是日本人對君父的道德觀念。也就是說，父親召他，應聲而起；君王召他，不管任何場合即刻以赴，這是自古以來日本人自然養成的一種習慣性。但是，把這與西方主張的個人本位相比，實在是軒輊不同。

西方人最重視個人之間的約定，甚而犧牲君父亦在所不惜。日本人富有忠君愛國之念而為世人所稱道，但同時又受到不重視個人間約定的譏諷，總而言之，這是我國固有的習慣使然，與西方所重視的觀念自然有差異。因此，若不明其所由來的原因，而只作表面的觀察，一概以日本人的契約觀念不確實，商業道德惡劣等加以非議，是有些過分。

當然，我也不滿足於日本現在的商業道德，但對於近來的工商業者，既然有人為他們加上道德觀念淡薄、或太過於本位主義等評語，難道工商業者不應該相互警戒嗎？

功利與道義

看似忠義的做法追根究底只是「利益問題」四個字而已。

——澀澤榮一

以日本魂與武士道精神而自豪的日本工商業者，竟然被說成缺乏道德觀念，實在令人非常可悲，如果探尋其由來，我想是由於因襲的日本教育的弊病所致。

我不是歷史學家，也不是學者，不能深遠的追其根源。不過「民可使由之，不可使知之」的朱子派儒教的主張，在明治維新之前被掌握著文教大權的林家一派賦予了濃厚的色彩，並且進一步加以發揚光大。

結果是：把屬於被統治階級的農、工、商生產界置於道德的規範之外，同時他們也自認為自己不必受到道義的束縛。

林家學派的宗師朱子，只是一介大學者而已，並不是一個躬行實踐，既能口述道德又能身行仁義的那種人物，因此，林家的學風繼其傳統，主張儒者只講述聖人的學說。實際上俗人才是實踐聖人學識的人，進而產生了說和行的區別。其結果是，孔孟所謂的民，即被統治階級者，他們只要惟命是從，只要做到不疏忽一鄉一鎮的公共事務就好，以致漸漸養成卑屈的性情。如此一來，仁義道德是統治者的事，百姓只要把政府所委託的田地耕好就好，商人只要撥撥算盤，就是盡到了責任。如此因循苟且、習以為常，結果成了習慣，最終導致人民愛國家、重道德等觀念完全闕如。

正如「入鮑魚之肆，久而不聞其臭」，像這樣數百年來所養成的惡習，若要教化、陶冶，使其成為卓越有道的君子，本來就不是件易事，加上歐美的新文明又趁虛而入，容易讓人們趨向功利主義，更助長了這一惡習的發展。

歐美的倫理學也發達，品行修養的呼聲亦很高。不過，他們的出發點是宗教，很難和我國的國民性取得一致，因此，最受歡迎，又能成為最大勢力的不是道德觀念，而是在生產致富方面有立即效果的科學知識，即所謂的功利學說。

富貴可說是人類最原始的欲求，可是對缺乏道義觀念的人，一開始就教以功利學說，就猶如火上加油般的煽動其本能之欲，其結果也就可想而知了。

有不少人，過去曾是下層的生產者，經過努力終於立身興家，揚名於世，躍上顯赫的地位。但這些人真的都是立足於仁義道德，行正路，依公理，以俯仰天地毫無愧色至今的嗎？

為了發展和自己有關的公司、銀行等事業，晝夜不斷的盡心盡力，的確是一位誠然令人佩服的實業家，對其股東來說，也不可謂不忠。但是，這種為公司、銀行盡心盡力的精神，不過因以圖利，所謂止於一己之念而已，增加股東的分紅也只是為了充實自己的金庫。萬一公司、銀行破產，則因股東的虧損而自己的利益反多，孟子所談的「不奪不饜」就是指這件事。

另外，像伺候富商巨賈的人，一心一意為其主家盡瘁，從其行跡看來，所作所為都可稱之忠於職守。但是，這種忠義的行為，完全是為了自己的得失在打算，原因就是雇主富裕就是自己富裕。雖然說，身為令人瞧不起的掌櫃，並不痛快，但如果其實際收入而遠遠優於一般企業家的話，他們同樣還是很樂意伺候富商巨賈的。

所以看似忠義的做法追根究底只是「利益問題」四個字而已。

然而，世人卻往往把這種人作為成功者而尊敬之，羨慕之，青年後進之輩也把這當作目標，想盡辦法、摩拳擦掌以接近這些人的水準。因此，壞風氣盛行，沒有止境。

如果這樣說來，那我們從事商業的人就全都是不誠實、不道德的醜陋之人。當然實際上並不是這樣的，孟子說「人性，善也」，善惡之心人皆有之，其中商場中人亦有不少君子深深的慨嘆商業道德的頹廢，想努力挽救。但是由於過去數百年來的積弊，再加上功利學說的薰陶，就很難使有道君子在一朝一夕之中，將急功近利之輩，也教化為有道君子，得到所期望的改善結果。雖然不容易達成，如仍放任自流的話，則等於要使無根之枝葉繁，無幹之樹開花。這一來，無論是培養國本還是擴張商權，都是無可指望了。

商業道德的真正精髓對國家，乃至世界都有直接重大的影響，如何闡揚信的威力，全是我等企業家的責任。讓我們全體企業家都能瞭解「信」是萬事之本，理解「信」能敵萬事的力量，以「信」來強固經濟界的骨幹，是緊要事中的首要事。

「為富」與「為仁」相斥之風

凡要做武士者，必須修習所謂仁義孝悌忠信之道。

——澀澤榮一

子曰：「回也其庶乎！屢空。賜不受命，而貨殖焉，億則屢中。」

——《論語・先進》

任何行業都有競爭，其中最激烈的要算是賽馬、划船。此外像早上幾點起床也有競爭、讀書也有競爭，乃至於德高望重之人受到晚輩的尊重亦各有競爭。只是後面的那些競爭不那麼激烈，賽馬、划船則不然，幾乎是拚命也在所不惜。同樣的道理，在增加自己的財產這點上也是這樣，競爭也很激烈。其極端就是把道義觀念忘得一乾二淨，也就是說，為了達到目的而不擇手段，即：誤同事、毀他人或大大的腐蝕自己。

古語說「為富不仁」，也可以用來解釋這個道理。

亞里斯多德也說：「凡商業都是罪惡的。」但由於當時是人文尚未開化的時代，雖然這些話是出自大哲學家之口，同樣還是沒有被人們真正理解，這和孟子說的「為富不仁，為仁不富」一樣，都值得玩味。所以，造成這種誤解，就不能不說是一般人的習慣所使然。

元和元年（一六一五年），豐臣氏①滅亡，德川家取代天皇統一天下，從此偃兵息鼓、國內不再爭戰。從此以後，政治方針似乎都出自孔子之教。以前，日本和中國或是西方各國尚有相當的接觸，但曾因少數的基督徒對日本懷有不良企圖，可能是因為從荷蘭來的文書上說，有人想用宗教來征服日本國，故當時日本完全斷絕了與海外的接觸，僅允許長崎港和特定的某些國家來往。至於對內，則全以武力治國。而這位以武力治國的人，他所遵奉的其實就是孔教。因此，修身、齊家、治國、平天下的這種治國的理念，就成了幕府的方針。所以，凡要做武士者，必須修習所謂仁義孝悌忠信之道。而以仁義道德治理老百姓的人，則與生產謀利不發生關係。如此一來，所謂「為仁不富，為富不仁」就使之見諸於實際。

治人者一方是消費者，並不從事生產，而從事生產營利的人則與治人、教人者的身分剛好相反。因而「武士甘守清貧」的風尚就這樣流傳下來。再者，治人者被人所養。所以，食人之食者死於人之事，樂人之樂者憂人之憂，這就是他們的本分。

生產殖利是那些和仁義道德無關之人的分內事，結果就成了與過去「凡商業都是罪惡的」那種相同的狀態。此風幾乎流傳三百年之久。初期尚可應付時代的要求，後來因為閉關政策，知識逐漸落後，活力衰退，形式繁多，以至武士精神也頹廢了，而商人日益卑下，最終形成爾虞我詐，虛偽橫行的局面。

【注釋】

① 豐臣氏：指豐臣秀賴（一五九三年—一六一五年），豐臣秀吉之子，秀吉死後，與德川家康對立，佔據大阪。一六一五年夏，在大阪之戰中自殺。

—第九章—

教育與情誼

從今日的整個社會來看，教育，特別是中等教育所存在的弊端很大。幾乎千篇一律的把重點放在傳授知識上，換言之，就是不注重德育方面的教育，可以說到了完全闕如的地步。另一方面，從學生之間的風氣來看，今日的青年與過去的青年也大不相同，他們身上缺乏一種一鼓作氣的勇氣、努力和自覺。不過，現在的教育，學科太多，這也要學，那也要修，光為了要趕上這些科目的學習進度，就感覺時間不夠，那還有工夫去顧及人格、常識等方面的修養，這也是勢所必然的，太遺憾了。

孝道的真諦

做父母的只根據自己的想法去培養孝子，有時會使子女成為孝子，有時也會使子女變成不孝子。

——澀澤榮一

孟武伯問孝。子曰：「父母唯其疾之憂。」

子遊問孝。子曰：「今之孝者，是謂能養。至於犬馬，皆能有養；不敬，何以別乎？」

——《論語・為政》

《論語・為政》中記載：孟武伯問孝。子曰：「父母唯其疾之憂。」還記載：子遊問孝。子曰：「今之孝者，是謂能養，至於犬馬皆能有養，不敬，何以別乎？」其他尚有許許多多論孝道的說法。孔子對孝道屢有訓說。但是，為人父母者，強行讓子女們行孝，結果有可能使子女變成不孝。我自己也有幾個不肖子女，他們將來會怎樣，我也不知道。對於他們，偶爾我也會告誡他們「父母唯其疾之憂」，但絕不勉強他們盡孝道。做父母的只根據自己的想法去培養孝子，有時會使子女成為孝子，有時也會使子女變成不孝子。

如果做父母的把不按照自己的想法去行事的人，看成是不孝，那就是天大的錯誤。因為就奉養父母這點而論，還不見得都稱得上孝。犬、馬這樣的獸類，不也能養親嗎？但子女的孝道，比犬、馬的孝道複雜得多。不能順從父母的想法，不經常在父母身邊以養父母，未必就是不孝之子。這樣說，好像是在自吹自擂，實在有些妄自尊大。不過有實例為證，所以我才敢大膽的說。

記得我在二十三歲時，父親對我說：「孩子，從你十八歲那年開始，我就仔細對你觀察，你的確與我有所不同。你不僅書讀得好，做什麼也都很優秀。如果照我的想法來說，我很希望你能永遠留在我身邊，照我的意思幫我做事。但是，這樣反而會使你成為不孝之子，所以，今後，你不必照我的想法去做，我希望你去做你想做的事。」

誠如父親所說，當時的我，雖然不肖，但論及學力，或許已在父親之上，另外，在其他方面，我也比父親高明。那時候如果父親強迫我按照他的意思去做，雖說這是孝道，但由於是一種勉強的孝道，那麼，我可能會反抗他，成為不孝之子。

值得慶幸的是，父親沒有這樣。我雖然沒有留在父親身邊，但也沒有成為不孝之子。這完全是因為父親不勉強我，讓我能夠按照自己的意志去發展的結果。孝道是父母影響孩子，孩子才能表現出來，而不是由父母來勉強要求子女去孝順。

家父以如此開明的作法待我，我自然受到了他的感化，很自然的，我對我的子女，也以當年父親對我的態度一樣對待他們。我這樣說，多少有些妄自尊大。但是，不論從那一方面來看，我比父親多少有些優越之處，所以做起事來完全不同於父親。因為我跟父親有所不同，所以結果也就有別了。我的子女們將來會如何呢？我不是神仙，當然無法下斷言，但按現在的情況看，他們和我是有所不同的。或許此不同又和我與父親的恰好相反，不管怎麼說，我的子女比我差。然而，責怪他們比我差，讓子女們照著我所想好的去做，那麼，這樣的強求就是我的無理了。

縱然照我的意思勉強他們，他們也不可能成為我所想像那樣的子女；我勉強他們，讓子女們什麼都按我所想的去做，其結果仍會是子女們無法達到我所想像的，結果是他們不得不成為不孝之子。既然他們的資質有限，我怎樣強求也是枉費心機。所以，我不勉強子女們去盡孝，雖然仍以子女應該孝順父母的根本思想來教導他們，但子女完全不按我的意思去做，我也絕不會認為他們不孝。

現代教育的得失

昔日的學問和現代的學問相比較，過去比較專注於精神的學問，而現在則偏重知識的教學。

——澀澤榮一

古之學者為己，今之學者為人。

——《論語・憲問》

過去的社會與現在的社會有所不同，同樣的，過去的青年與現在的青年也有差別。在我二十四、五歲的時候，也就是明治維新前的青年，和現代青年比較起來，不管在境遇、教育還是其他方面都迴然不同。因此，要說誰優誰劣，實在不是一句話所能表達的。但有一部分人卻認為，昔日的青年既有氣概，又有抱負，比現代的青年優秀多了，而今日的青年既輕浮又沒朝氣。

這是以偏概全的講法。為什麼這樣說？因為拿過去少數的優秀青年和現今一般的青年相比較，做出這樣的結論，多少是有些不妥的。很顯然的，今日的青年中也有優秀的，昔日的青年中也會有不優秀的。

維新之前，對士、農、工、商的階級劃分極其嚴格：在武士當中，也有上士和下士之分。農民或商人等老百姓也分為望族和普通人家，他們之間的風尚和所受的教育自然也就有所不同。由此來看，即使是昔日的青年，也會因其出身的不同，而其所受的教育也有所差別。昔日的武士和上層的農民商人，其青年時代多數都是受漢學教育，開始是修《小學》、《孝經》、《近思錄》等，進而再研修《論語》、《大學》、《孟子》等。另一方面要鍛鍊身體，並鼓吹武士精神。而一般的農民商人雖也受到一些教育，只不過是學一些基本的待人處世原則，此外還學些加減乘除的簡易演算法。因此，接受過高尚漢學教育的武士，通常理想高又有見識，而一般的農民商人，所接受的只是通俗的東西，故大半是無學識之人。

現代是士、農、工、商四民平等的時代，不再有貴、賤、貧、富的差別，都能受到教育。也就是說岩崎、三井等巨富人家的兒子和住在大雜院中的子弟，同樣都可以接受教育。因此，在多數青年中有品性劣等的、學問不通的，這是很自然的事。因此，把現在的一般青年和過去少數武士階級的青年相比，且批評這個、指責那個，這種做法，實在不恰當。

現在，在接受高等教育的青年當中，和昔日青年對比也有毫不遜色的。過去的教育是針對少數人，只要教出幾個人材就好。可是，現在則是重視通識教育，以啟發多數人的平均水準為目標。過去的青年為選擇良師而費盡心血，如有名的熊澤蕃山去中江藤樹①的住處求中江收他為入門弟子，被拒絕了，熊澤就在中江藤樹的屋簷下站立了三天三夜，藤樹有感於他的熱誠，最後收他為門人。其他如新井白石拜木下順庵②為師，林道春拜藤原惺窩為師，都是為了選擇良師以修學進德。

但是，現代青年與老師之間的關係全亂了，師生之間缺乏良好的情誼，這情形令人寒心至極。現代的青年根本不尊敬自己的老師，學校的學生把老師看成說相聲的或講古師，不然就說他們的課講得不好，解釋拙劣等等，這些行為對學生來說是不應該有的。這種現象的發生從一方面來看，也許緣於學科制度的古今不同，學生要接觸很多老師，以至造成師生關係的大亂。同時，老師對學生也有不愛護的，甚而討厭的。

換言之，青年必須接近良師以陶冶自己的品性。昔日的學問和現代的學問相比較，過去比較專注於精神的學問，而現在則偏重知識的教學。過去所讀的書籍多談論精神修養，學生自然而然的就會照書本去實踐，不管修身齊家，還是治國平天下，都是教導人倫之大義。

《論語・學而》中記載：其為人也，孝悌而好犯上者，鮮矣；不好犯上而好作亂者，未之有也。還記載：「事君，能致其身」，講述的是忠孝思想，且詳述仁義禮智信的教訓，以喚起同情心、廉恥心。同時，又教導學生重視禮節，重視勤儉的生活。所以，過去的青年總是能修養其身，自然就能以天下國家大事為念，養成樸實、重視廉恥，以信義為貴的氣習。與此相反，現代的教育重智育，自小學時代就開始修習多門學科，至中學、大學，更是只求知識的累積，忽視了精神的修養，所以，今日青年們的品德就成了可憂之事。

總的說來，現代青年的求學目的就有偏差。孔子說過：「古之學者為己，今之學者為人」，這話依然適用於今日。

今日的青年只是為學問而去做學問，一開始並沒有建立明確的目標，只是漠然的做學問。結果他們進入社會，往往還發出「我為什麼而學」這樣的疑問。另一方面，由於有這樣一種只要好好求學，不管是誰都能成為偉人的觀念存在。因而不顧自己的境遇與生活形態，只一味去求與自己不相應的學問，結果常常會導致後悔。所以，青年應該考慮到自己資力，小學畢業之後，就要進入各種專門的教育中，學習對自己有用的技術。如果想接受高等教育，在中學就要先選定一個明確的目標，明白自己將來究竟要做什麼。千萬不要因為自己的虛榮心而誤解了修學的道理，這樣做不僅誤了青年自身，還會招來國家全體元氣的衰退。

【注釋】

① 中江藤樹：（一六〇八年—一六四八年），日本江戶前期的儒學家，日本陽明學之祖。

② 木下順庵：（一六二一年—一六九八年），日本江戶前期的朱子學家，傑出的教育家。

偉人和他的母親

女子也是社會的一員，國家的一分子。既然這樣，請根除對婦女侮蔑的觀念，女子也應與男子一樣，賦予作為國民應有的才能和知識。

——澀澤榮一

對於婦女，是否還應該和封建社會那樣不施以教育，使她們做愚民呢？還是施以相當的教育，教給她們修身齊家之道呢？這個問題是不容爭辯的，教育即便對女子來說，也絕不能馬虎草率。關於這一點，我認為有必要從婦女的天職——養育子女，這個問題談起。

一般說來，婦女和她的子女之間有著一些特殊的關係，根據統計資料顯示：大部分善良的婦女能生出善良的子女，大部分受過良好教育的婦女能培養出優秀的人才。像中國孟子的母親、美國總統華盛頓的母親，就是最貼切的例子；在我國，楠木正行①的母親、中江藤樹之母，都是大家認為的賢母。近代伊藤公②與桂公③的母親亦以賢慧聞名。

總而言之，優秀的人才在其家中有一位賢明的母親撫育的例子很多。可見，偉人的誕生、賢哲的出世，在很多方面多緣於婦德，這並不是我一人說了算的，這是大家公認的。因此，教育婦女，啟發她們的智慧，培養她們的婦德，絕不是只有婦女一人受教育，而是間接的培養善良國民的因素，因此一定要讓女子受到教育，而且還要相當重視。然而，女子教育要受到重視的原因還不止上面的幾點，我還要進一步說明女子教育其他的理由。

明治以前，女子教育完全是根據中國思想進行的。然而，中國對待女子的思想是消極的訓練女子要守貞操、要順從、要細密、要優美、要忍耐等觀念。這種教育方針儘管也將重點放在精神教育方面，但對智慧、學問、學理等方面的知識，就不鼓勵也不教導。幕府時代日本的女子教育也是以此思想為主，貝原益軒的《女大學》，就是幕府時代唯一的最好的教科書。也就是說，把智慧、學問、學理等方面的知識完全棄之不顧，只消極的教導些如何做到約束自己的功夫而已。受這種教育的婦女，在今日的社會仍占了極大的比例。

明治時代以後，雖然女子教育進步了，但由於真正接受新式教育的婦女力量還很微弱，實際上女子教育並沒有做出超越《女大學》所教導的範疇。我這樣說，大概也不算過分吧！所以，今日的社會雖說婦女教育逐漸普及，但仍然停留在婦女教育的過渡期，仍未能使社會充分認識到女子教育的效果，那麼，作為引導提攜之人，是不是應該好好探究其中的得當與不得當之處呢？當然，在今天已不能像過去一樣，把婦女視作生男育女的工具。但這種思想在今天仍有遺留，這是不應該存在的，對婦女的蔑視和嘲弄也應該結束了吧！

對婦女的態度，先不說基督教是如何對待的。從人的真正道義心來說，難道可以將婦女當作道具嗎？要知道在重視男性的人類社會中，婦女也承擔著一半的社會責任，所以，無論從哪方面說，婦女和男人一樣都應該受到重視。《孟子・萬章上》說：「男女居室，人之大倫也」。不言而喻，女子也是社會的一員，國家的一分子。既然這樣，請根除對婦女侮蔑的觀念，女子也應與男子一樣，賦予作為國民應有的才能和知識。使男女互相合作，相輔相成，那麼，在五千萬日本國民中，一向只用二千五百萬的情況，如今不又有二千五百萬人可以活用了嗎？這就是我認為必須大興女子教育的原由所在。

【注釋】

① 楠木正行（？—一三四八年）：日本南北朝時期的武將。

② 伊藤公：指伊藤博文，見前注。

③ 桂公，指桂太郎（一八四七年—一九一三年），日本明治、大正時期的軍人政治家。

過失何在

師生之間應有深厚的情誼，相親相愛的觀念。

——澀澤榮一

師生之間應有深厚的情誼，相親相愛的觀念。這在地方學校如何，我不得而知，據我所知，東京周邊的學校，師生關係已經非常淡薄。說不好聽點，老師與學生的關係，就好像聽眾與說書人之間的關係，經常可以隨便批評老師。不是說那個人的課講得太枯燥乏味了，就是說上課的時間太長了，拖拖拉拉，甚至還有人處心積慮的去找老師的習癖，然後加以批評。

當然，我不是說從前師生之間的感情都很親密，以孔子為例作個說明，孔子有三千弟子，我不相信孔子和他的每一位弟子都能經常見面，與其交談，但其中能精通六藝者就有七十二人，這七十二人可以說是常與孔子談話的，完全受了孔子人格的感化了。以這種師生關係為例來要求也許有些過於理想化，而且，以今日的中國縱觀之，也不能引以為範。雖然今日的中國不好，但並沒有改變孔子之教，孔子依然是萬人景仰的聖人，不能因中國後來不好了就可以輕視孔子，反過來講，中國好了，也不能因此褒揚桀紂之無道。

所以，我認為，以孔子為主的教導弟子的方式，確實是老師和弟子間關係的極好典範。以此求諸現代的師生固然不可能，但是，在德川時代，師生之間的感化力也很強，情誼也很深厚，我可舉一例說明之：熊澤蕃山師事中江藤樹的情形就是一個很好的例子。

蕃山是一位相當清高的人，可以說是一位威武不能屈，富貴不能淫，連天下的諸侯都得敬畏三分的人。他雖然仕奉備前侯[1]，被國人尊之為師，是一位頗有政治見識的人物，然面對中江藤樹則猶如孩童，忍了三日之後，才被納為弟子。師生之間有如此深厚的感情，應是受了中江藤樹的德望所感召吧！此外，新井白石為人也很剛毅，智謀、才氣均超人一等，實在是不可多得的人，但他卻能夠終身服侍木下順庵，實在可佩。至於近代也有佐藤一齋[2]，善於感化弟子，廣瀨淡窗[3]也一樣。

雖然我所知道的都是漢學先生，但他們與弟子之間的關係都一如古風，和諧親密是非常顯而易見的。可是，現在的學生與老師之間，幾乎成了聽眾與說書人之間的關係，這不是我樂意見到的一種風氣，不能不讓我感到憂慮。當然，不能說全是老師的不好。也許做老師的人在德望、才能、學問、人格方面有什麼缺點，如果不再進一步，就很難叫學生敬佩了。

但是，我想為人弟子者的素養也不太好，對老師已無一絲敬重之情，這是現在的一般風氣。其他一些國家的情況，我不太瞭解，但我知道英國人的師生關係好像和日本不一樣。當然，在日本，也有優秀的教師，不是我說的那個樣子。日本也有像中江藤樹、木下順庵那樣的教育家，只可惜太少了。

由於現在處在過渡時期，一下子湧現了大量粗製濫造的教師。他們往往認為這些弊害是學生惹出的，這分明是為自己辯解。既然已為人師，就應該謹慎從事，反躬自省，方不致有辱使命。同時，也要以充分的虔敬之心，使師生之間充滿情愛。如果在學校中各位教員能經常接觸學生，關心他們，雖不能十足改良學生的風度禮節，至少也能防止不良現象的出現。

【注釋】

①備前侯：指池田光政（一六〇九年—一六八二年），日本江戶初期岡山菩主。

②佐藤一齋（一七七二年—一八五九年）：日本江戶後期的儒學家。曾擔任昌平阪學問所的教官，很受尊敬，培養了渡道華山，佐久間象山等許多門人。

③廣瀨淡窗（一七八二年—一八五六年）：日本江戶後期的儒學家，詩人。開有家塾桂林莊，後又改為咸宜園，收有許多門人，專心於教育。

從理論到實際

一味的傾向智力的發展，唯一己之利是求，其結果就會陷入孟子所說的：「上下交征利，而國危矣」的局面。

——澀澤榮一

子貢曰：「夫子之文章，可得而聞也；夫子之言性與天道，不可得而聞也。」

——《論語・公冶》

從今日的整個社會來看，教育，特別是中等教育所存在的弊端很大。幾乎千篇一律的把重點放在傳授知識上，換言之，就是不注重德育方面的教育，可以說到了完全闕如的地步。另一方面，從學生之間的風氣來看，今日的青年與過去的青年也大不相同，他們身上缺乏一種一鼓作氣的勇氣、努力和自覺。我這樣說，好像我自己曾是過去的青年就不免自矜自誇了。不過，現在的教育，學科太多，這也要學，那也要修，光為了要趕上這些科目的學習進度，就感覺時間不夠，那還有工夫去顧及人格、常識等方面的修養，這也是勢所必然的，太遺憾了。

進入社會的人士姑且不論，而對以後將步入社會想為國家盡一點心力，努力奮勉的人，我希望在這些方面要多加用心。不過，就我自己關心最深的實業方面的教育來看，過去是沒有實業教育這個名稱的。維新以後，至明治十四、五年間（一八八一、一八八二年），實業教育也沒有什麼進步，像商業學校那樣的東西，也不過是近二十年間的事罷了。

「文明的進步」只有在政治、經濟、軍事、工商業、學藝各方面都有進步了，才能顯現出來，若缺乏其中的一項，都不能稱為文明的進步。然而，在日本，作為文明一大要素的工商業，卻在很長的一段時間內被忽視，置之不理。

反觀歐洲列強，其他方面的進步也就不用說了，尤其在實業方面，即工商業的進步最大。我國近幾年來，人們好像也開始注意到實業教育，而且還稍有進步和發展。但可惜的是，教育方法一如前述，仍然急於將力量偏向於智識方面，至於規矩，人格，德義，就完全沒有顧及到。雖說是情勢所迫，無可奈何，但也實在讓人可嘆。

再看一下軍人，他們在統一、規律、服從、命令等方面，都能嚴格施行而且井然有序，這是由於軍事的教育方法使然的呢？還是軍事的本職就是如此？從事實業的人，除了具備前述諸品性之外，還必須有一項重要的性質，就是自由。在實業方面，如果也像執行軍事上的事務一樣，凡事都要等待上級的命令，那麼，便容易錯過商機，事業就難以有任何發展。所以，一味的傾向智力的發展，唯一己之利是求，其結果就會陷入孟子所說的：「上下交征利，而國危矣」的局面。

我所擔心的正是如此，雖然我的能力不夠，但我也一直努力設法不使事情走到這種地步，因此我暗暗的在身邊的實業教育中，使智育和德育並行發展。雖然還沒有達到預定的目標，但畢竟我已經努力很多年了。

孝與不孝

為孝行而盡孝者，不是真正的孝行。而無意表現出來的孝行才是真實的孝行。

——澀澤榮一

有子曰：「其為人也，孝悌而好犯上者，鮮矣；不好犯上而好作亂者，未之有也。君子務本，本立而道生。孝悌也者，其為仁之本與！」

——《論語・學而》

自德川幕府中葉以來，神道①、儒教、佛教三教的精神開始統一，並使用了通俗易懂的語言。舉一個極其淺近且通俗的例子，在大力提倡道德實踐方面，有一種「心學」②。這個心學是八代將軍吉宗公時，由石田梅岩③率先提倡的。著名的《鳩翁道話》④也出於此派。而且梅岩門下還出了手島堵庵⑤與中澤道⑥二兩位名士，由於他們兩人的努力，心學終於得到了普及。

我曾經讀過中澤道二所著的《道二翁道話》一書，書中記載了近江⑦的孝子和信濃的孝子之間的故事，我至今尚未忘記。這個故事講得非常有趣，我記得題目就叫《孝子修行》。他們倆的名字叫什麼，我已記不得了，故事說的是近江的一個有名的孝子，他一向以「孝者天下之大本也，百行之所由生」作為他生活的準則，日夜惟恐不及。

有一天，他聽說信濃也有一個有名的孝子，就想與之見面，探問如何養親才是最好的盡孝之道。於是，他不辭辛勞，翻山越嶺，特意從近江出發，到信濃去訪問。他好不容易找到了信濃那位孝子的家，踏進他家門時，已過了中午，當時信濃那位孝子的家中只有老母親一個人，顯得非常孤寂。近江孝子問：「令郎在嗎？」老母親回答說：「上山工作去了。」近江的孝子把自己的來意詳細的告訴了信濃那位孝子的老母親，於是，老母親說：「傍晚他一定會回來，請到屋裏等一下吧！」於是近江的孝子承老人家的好意就進入屋內。

到了傍晚，信濃的孝子，終於背著一捆柴回來了。這個近江的孝子心想，應該好好觀摩一番，以備自己仿效用，於是，他就在廳堂內選擇了一個地方，從屋裡往外窺視，只見信濃的孝子背著柴在走廊邊緣的一個地方坐了下來，那捆柴看來並不重，出乎意料之外，信濃那位孝子卻向母親訴說柴很重快來幫忙，於是老母親就去幫了他，這使近江的孝子感到有些吃驚，再去窺視。

接著又聽到信濃那位孝子吩咐老母親說，腳髒了，端點乾淨的水來，給我洗洗等等，並要求擦拭。然而老人家竟然滿臉笑容，百依百順按照信濃孝子吩咐的去做。這使近江的孝子感到更驚奇，更不可思議。就在這時候，信濃的孝子坐到爐子邊，又讓老母親幫他按摩，老母親也是一臉和悅的神色，為他按摩。

老母親一面揉，一面告訴她兒子說：「有位近江來的客人想見你。現在正在後室等候。」信濃孝子隨即起身，滿不在乎的來到近江孝子等待的房間裏。近江孝子行禮致意後，就講述了自己此行的目的。交談之中，晚飯時間到了，信濃的孝子就讓老母親去準備晚餐招待客人，但自己卻沒有幫忙的意思。不久，飯菜端出來了，信濃的孝子還要老母親做這做那，一下子說湯鹹了，一下子又說飯太硬，東批西評的，一味的責怪老母親。

這時，近江的孝子實在看不過去，聲色俱厲的說：「我聽說閣下是一位聲名相當高的孝子，故不遠千里特來請教。可是，我到現在所看到的，實在讓我感到萬分意外，您不僅沒有愛護老母親的行為，還斥責母親。像閣下這樣的行為，你哪裡稱得上是孝子，簡直是大不孝。」對此，信濃孝子的答辯非常有趣。

信濃孝子說道：「孝行、孝行，百行之基，一點兒也不錯。但是，為孝行而盡孝者，不是真正的孝行。而無意表現出來的孝行才是真實的孝行。我要上年紀的母親做這做那，甚至要她替我揉腳，原因就是我知道母親看到兒子從山上砍柴回來，一定很累，想要親切和藹的伺候我。為了不辜負老人家的一番好意，所以伸出雙腳讓她按摩。至於款待客人之事，老母親一定會想，若有什麼不周到之處，這樣會使兒子不滿意。為了讓她知道，我知道她的一番好意，感謝這種關心，不得不嫌她飯菜做得不盡理想。這一切都是任其自然，按照母親的想法去做，也許這就是人們贊我是一位孝子的原因吧。」

近江的孝子一聽，恍然大悟，認識到孝的根本在於什麼事都不勉強，一切順其自然。進而真的意識到一生盡孝的自己，果真有不及之處。這就是《道二翁道話》中有關學習孝道的教誨。

【注釋】

①神道：以崇拜皇室祖先為中心的日本民族固有的宗教。

②心學：日本江戶時代，融合神、儒、佛三教，使用易懂的語言和通俗的比喻講解教旨的一種平民教育，與中國所說的心學不同。

③石田梅岩（一六八五年—一七四四年）：日本江戶中期的心學家，石門心學之祖。

④《鳩翁道話》：書名。柴田武修對其父柴田鳩翁（一七八三年—一八三九年，日本江戶後期的心學家）的談話所作的記錄。道話：即心學道話，指進行心學教化的訓話，一般是舉出淺近的例子，通俗易懂的講解倫理觀點。

⑤手島堵庵（一七一八年—一七八六年）：日本江戶中期的心學家，繼承石田梅岩，致力於心學的普及。

⑥中澤道二（一七二五年—一八〇三年）：日本江戶後期的心學家，奉手島堵庵之命，巡迴講學諸侯，致力於心學的普及。

⑦近江：舊國名，今日本滋賀縣。信濃：舊國名，今日本長野縣。

人才過剩的一大原因

過去是百人中出一個秀才，今天則是造就九十九個普通的人才。

——澀澤榮一

經濟領域中有需求、供給的原則，這一原則也適用於在社會上各行各業之間活動的人們。當然，社會上的任何事業都有一定的限度，所需人數雇滿之後，自然就不必再雇人了。但是，另一方面，學校每年都會培養出大批的人才，對尚未完全發展的我國實業界來說，完全接納他們是不可能的。特別是，現今的時代，受過高等教育的人才，有供過於求的趨勢。學生們一般在受到高等教育之後，都希望從事高尚的事業，所以，在高尚職業方面必然會發生供過於求的現象了。

當然，學生們抱有從事高尚事業的願望，對個人來說是值得鼓勵的。但是，對一般社會而言，或者從國家來考慮，又如何呢？我以為未必就是可喜的。簡要的說就是：社會並非千篇一律，而是複雜多樣的。當然，社會所需要的人才也是複雜多樣的，高層次的如公司董事長，低層次的如工友、司機等人才都是社會所需要的。只是管理階層的人屬於少數，低層次的被管理者卻需要大量的人力。因此，學生們如果願意當被人管理這一方面的人才，今日社會的人才過剩的問題就不至於發生了。

遺憾的是，今日一般的學生，都只想成為少數中的一分子。總之，他們認為自己掌握了學問，懂得了高尚的道理，當然不能隨隨便便處在人之下，受人使喚。同時，我們的教育方針多多少少也有些錯誤，只管做灌輸式的教育，培養出一大批同一類型的人才，卻完全忽略精神修養。這樣導致的可悲結果是，學生不知能屈能伸，只會傲氣凌人。如此一來，人才過剩的問題當然就會出現。

今天，我無意訴諸與往昔學堂時代的教育如何，來做討論。不過，在人才的培養方面，過去雖也不完全，但卻比現在做得好。過去的教育方法比較簡單，就拿教科書來說，《四書》、《五經》、已經是最好的教材。但由此而培養出的人才，卻不是同一個類型的人物。其原因當然是由於教育方針完全不同的關係。那時的學生們多各自朝著自己的長處去發展，盡其所能，各自發揮，所以能訓練出不同類型的人物。譬如，優秀之人就漸次向上攀升，向高尚的工作而努力，愚鈍之人也不敢有非分之望，安份做個卑微的工作，所以那時候不用擔心人才使用方面的問題。

今日則不是這樣，教育方針雖很好，但由於人們誤解了其精神，在訓導方面有所偏差，結果學生不管自己有才還是沒有才，總認為彼亦人也，我亦人也，同樣都受到高等教育，他們能做的我也能做，進而人人心生自負，不甘於從事卑下的工作。

過去是百人中出一個秀才，今天則是造就九十九個普通的人才。這就是今天教育的優點，但遺憾的是，由於誤解了其精神，致使中流以上的人才供給過剩。

但是，施行同樣教育方針的歐美先進國家，卻很少見到這種教育上的弊端，尤其像英國。英國與我國現在狀態極為不同，他們的教育很重視常識的培養，也特別注意培養學生的人格。

話說回來，像我這種對教育本來就知道不多的人，是不應該插手教育的，但本著一顆關心國家的心，我又不得不提出：產生現在這種結果的教育，是因為我們的教育制度還尚未完全呀！

—第十章—

成敗與命運

現在，很多人眼裏只有成功和失敗，而比這更重要的天地間的道理，他們卻看不見。他們對實質的東西視而不見，而把如糟粕一般的金錢財寶看得至關重要。其實，人應該要把「為人之道」牢記在心，進而真正履行自己的職責，以求心安理得。

忠恕之道

如果能對任何事都懷有無限的情趣和興致，那麼，即便是再忙、再煩也不會有倦怠或厭惡的感覺。

——澀澤榮一

曾子曰：「吾日三省吾身：為人謀而不忠乎？與朋友交而不信乎？傳不習乎？」

——《論語・學而》

「業精於勤，荒於嬉。」萬事莫不如此。如果能對任何事都懷有無限的情趣和興致，那麼，即便是再忙、再煩也不會有倦怠或厭惡的感覺。相反的，如果對自己所從事的事業，沒有一點兒興趣，總是帶著不高興的心情勉強去做，那麼必然會在心裏產生倦怠，接著是厭惡、不平，最終拋棄事業，這是很自然的事。前者由於精神飽滿，能在愉快的氣氛中找到興趣，再由這個興趣引發無限的興致，這些興致就是促進事業進展的原動力。

事業的展開又會給社會帶來公益。後者由於精神萎靡，心情鬱悶，怏怏不樂，由倦怠引發疲憊，最終導致一事無成。把這兩者相比較，試問各位要選擇哪一類？大家一定會明確的回答，選擇前者是明智的，選擇後者是愚蠢的。

此外，世人也常說運氣有好壞。人生的運氣十之一二或許是前生註定的，但也就是說有所先定，如果不努力開拓自己的機運，也絕不能把握住那些註定的好運氣。而原本愉快從事的工作，卻招來了大的災厄，這一開始大概都只歸諸於天命吧。人們一定渴望將厄運盡快擺脫，進而把握住好運。所以，諸位對自己所從事的事業，不僅要有極大的興趣和感情，還需要好好充實事業的內容。特別像救濟事業，在性質上、處理上都需要有特別的注意，務必盡量使其內容豐富，達到沒有遺憾之處。話雖如此，也並非只求內容的完備，而忽視了形式，這也不是善策。其實，不管什麼事業，內外都應保持平衡。要知道，如果只為誇耀表面，而一味的追求形式，這一點一定要避免。

本院（東京市養育院），現在（大正四年一月）收容了二千五六百名貧民，這些人當中也有一些是動機善良而反招致惡果的或在旅行中突然生病的，除此之外，大部分都是自作自受的自作孽者。雖然如此，卻也不能不予以同情。其原因是我們所不能須臾背離的人道就是忠恕。因此對工作，每位職員均應忠於自己的職務，富有仁愛之心。

我不敢要求各位對他們要始終加以善待，但至少要懷以憐憫之情。如果諸位也領會了這一道理，就應該實踐於諸位的工作上。此外，從事醫務工作的諸位，如果把收留的患者只是當作自己研究的對象，就太令人遺憾了。當然，把他們當作研究對象在某種程度上不能說不好，可是我希望諸位醫生勉勵自己，把治療病人當作應盡的第一義務。護士們也一樣，必須盡量以真誠親切的態度對待病患們。他們在精神上都有很多缺點，是被社會淘汰的失敗者，我們應該用忠恕之心給予他們同情。忠恕之道是立身的根本，如能實踐這個人道，才能把握住自己幸福的命運。

好像失敗，實為成功

孔子和堯、舜、禹、湯、文武、周公等人相比，孔子所受的尊崇最高。

——澀澤榮一

在中國，一提起聖賢，人們首先就會想到堯、舜，而後下至禹、湯、文、武、周公、孔子。但是，堯、舜、禹、湯、文武、周公等人，在同是聖賢中，以今日的話來說，他們都是成功者，都在有生之年創下了可觀的政治功績，他們都是深受世人尊敬的人。孔子則不然，孔子不是今天所說的有可觀政治功績的成功者，而且孔子在生前曾遭逢無妄之災、無辜之罪，而困於陳蔡之野，飽嘗艱難困苦。但是，千載之後，從今日來看，孔子和堯、舜、禹、湯、文武、周公等人相比，孔子所受的尊崇最高。

中國這個國家的民族性，有一種奇妙之處，他們對英雄豪傑的墳墓大都草草處之、從不愛惜，就是隨便棄置也全然不以為怪。友人白岩君，是個中國通，我親身聽他說，以後又在他送給我的《心之花》中看到，向來不珍惜英雄豪傑墳墓的中國人，對曲阜的孔廟卻相當鄭重的保存。廟觀莊嚴雄偉，至善至美，孔子的後裔，至今還受到一般人特別的尊敬。可是孔子生前既沒有像堯、舜、禹、湯、文武、周公等可觀的政治功績，也沒有像他們一樣擁有極高的地位，更沒有富可敵國的財力，用現在的話說孔子就是一個失敗者。但這種失敗並不是真正的失敗，相反的，孔子應該是真正的成功。

如果我們僅以眼前呈現的事實作依據，來論斷一個人的成功和失敗，那麼，因矢盡刀折而戰死於湊川[1]的楠正成是失敗者。而榮登征夷大將軍之位、威振四海的足利尊氏當然是一位成功者。但是，今天卻沒有人崇拜尊氏，而崇拜正成的人卻天下不絕。如此看來，生前看似成功的尊氏反成永遠的失敗者，相反地，正成卻是一個永遠的成功者。菅原道真與藤原時平亦然，時平在當時是成功者。而遭受無妄之災而受禁於太宰府，流放於外地觀月嘆息的道真公確實是當時的失敗者。在今天，沒有人尊敬時平，道真公卻作為天滿神[2]，在全國各地普受祭祀，因此，道真公才是真正的成功者。

綜上所述，世人所謂的成功未必是成功，世人所謂的失敗也未必是失敗，這個道理就不言而喻了。像公司和其他一般營利的事業，一旦失敗，就會給投資者和其他許多人帶來麻煩，也將招致很大的損害。所以無論如何都必須力求成功、不許失敗。但是，精神事業則不然，如果大家眼光不遠、思考淺薄、只顧眼前的成功，那就要受到社會的批評，對提升世道人心，不會有所貢獻，最後終歸失敗，且是永遠的失敗。比如發行報紙、雜誌，以喚醒一代人為目的，為了達此目的，有時必須違逆風潮，反抗潮流，難免會招致意外之禍，陷於世人所謂的失敗，飽嘗痛苦，但是，這絕不是失敗，雖然在一時之間看起來像一敗塗地，但是從長遠看，則他的努力是不會白費的。社會反因此而受益無窮，結果，此人不必等待千秋萬世，十年、二十年或數十年之後，他的功績一定會被肯定。從事言論文筆及其他精神方面事業的人，如果在生前為了拚命取得現在所謂的成功的話，勢必會急功近利、阿諛時流，那就不能有利於社會。

因此，不論是何種精神事業，徒然說大話，發豪語，制定一些無關人生根本問題的大計畫，一切努力將毫無實際可言，則到百年之後，縱然是黃河澄清之日，他也是一個失敗者，而不是一個真正的成功者。反之，如能盡心努力、切實奮鬥，精神事業就算是現在的失敗，也不是真正意義上的失敗。正像孔子的遺業，為今日世界千千萬萬的人提供了安心立命的基礎，裨益後人，對提升人心做出莫大的貢獻，其功蓋世也。

【注釋】

① 湊川：流經神戶市中部的河，屬兵庫縣。一三三六年，在此發生了湊川之戰，足利尊氏與新田義貞、楠木正成等作戰。最後，正成戰死。

② 天滿神：把菅原道真神化的稱呼，全稱為天滿天神。

盡人事，聽天命

天命是在人們不知不覺中自然運行的，並不能像魔術師一樣創造出許多不可思議的奇蹟。

——澀澤榮一

子曰：「莫我知也夫！」
子貢曰：「何為其莫知子也？」
子曰：「不怨天，不尤人。下學而上達，知我者其天乎！」

——《論語・憲問》

天究竟是什麼？關於這個問題，也經常在我發起的歸一協會的聚會中把它提出來討論。有一部分宗教家認為天是一種有靈性的動物，是具有人格的靈體，如同人能活動手足一樣，不僅可以賜給人幸福，也能降施不幸。而且，凡人對天祈禱和求助，也會受天所左右，進而改變他的命運。可是，天真的就像這類宗教家所想像那樣，是具有人格和人體的東西嗎？能夠根據是否祈禱而把幸與不幸降到人的頭上嗎？其實，天命是在人們不知不覺中自然運行的，並不能像魔術師一樣創造出許多不可思議的奇蹟。

說這是天命，那是天命，終究是人自己的任意所為罷了，與天根本無關，天也不知道。所以，人畏天命，就是承認天具有人力所不能克服的、偉大的力量。其實，只要盡力就好，即便是勉強的事、不合理的事，你又何必冥頑不化，非堅持到底不可呢？所以，以恭、敬、信對待天，就像明治天皇的教育敕語[①]中所謂：「通於古今而不謬，施於中外而不悖」一樣，只要沿著通向久安的大道坦坦而行，不以人力必勝而自誇，既不勉強而為，也不做不合理的事，自我慎戒、小心謹慎，就可以了。至於將天、神或佛，解釋為有人格、有軀體的東西，認為天能左右人們的感情，那就大謬不然了。

人不管是否意識到天命的存在，天命都會像四季一樣，依序運行，都會在萬事萬物中行進。因此，只要以恭、敬、信三原則加以對待，那麼，「盡人事、聽天命」這句話中所包含的真正含義，我們就能完全理解了。因此，在實際的人生處世上，我們應如何來瞭解天，我想用孔子所說的來加以解釋，即不要把天當作有人格、有靈性的動物，也不要認為在天地和社會中產生的因果報應，是偶發事件。以恭、敬、信的心相待，才是最穩當的想法吧！

【注釋】

① 教育敕語：為了揭示國民道德的根源和國民教育的基本觀念，日本明治天皇所下的敕語。明治二十三年（一八九〇年）十月三十日頒發。在第二次世界大戰前一直是日本教育的基本方針。

膽大心細

以細心和大膽兩者相輔相成，活潑與積極同時進行，這樣才能做成大事。

——澀澤榮一

子夏為莒父宰，問政。子曰：「無欲速，無見小利。欲速，則不達；見小利，則大事不成。」

——《論語・子路》

隨著社會的進步，秩序愈來愈好，那是理所當然的結果。但是開展新的活動時，總難免有許多地方不盡人意，進而有可能導致人們傾向於自然保守。無論什麼時候，輕佻浮躁的行為都應避免，但如果太過小心，太過謹慎，結果可能會導致人們因循、姑息、不變通，懦弱不敢為，這樣就會阻礙社會的進步和發展，這對個人或國家的前途都是非常令人擔憂的。世界的大勢每時每刻都在變動，競爭也日趨激烈，文明的進步更是日新月異。遺憾的是，長期以來我國一直處於閉關自守的鎖國狀態，遠遠落後於世界的發展趨勢。

開國以來，雖然我國各方面的進步速度，已令世界其他國家刮目相看，但各種事物仍然落後於其他國家的事實，卻是不容否認的。也就是說，我國尚未擺脫落後國家的狀態。因此，為了與先進國家競爭、角逐，進而超過他們，就必須比他們更加努力才行。同時，凡是對個人的發展有幫助，或者對促進國運有幫助的事，都要有全力以赴、勇猛進取的精神。所以，那些固守傳統事業、害怕過失遭致失敗而裹足不前等做法，都要拋棄，以免導致國運衰退。這點，國人一定要深加考慮，不管是制訂計畫，還是謀求發展，都一定要以「使我國成為真正的一等國」為目標才行。現在，我們不但需要培養活潑的氣魄與進取的精神，同時還要有能加以實行的人，這是當務之急。

要培養活潑、進取的氣魄且全力發揮之，就必須先成為一個真正獨立自主的人。過分依賴他人，必然會使自己的實力大大的衰退，更重要的是自信也因而難以形成。一旦養成了因循卑屈的性格，就必須時時鞭策自己，防止懦弱卑怯的心態產生。此外，過於拘謹，凡事拖泥帶水、斤斤計較，時間長了，自然就消磨了活力，挫傷了進取的勇氣，所以，這一點必須深加留意才好。細心與周到固然有其必要性，但另一方面又要發揮大膽的精神。

以細心和大膽兩者相輔相成，活潑與積極同時進行，這樣才能做成大事。因此，對於近來的保守、因循等種種傾向，必須大加警惕才行。

最近，青年之間的活力漸次勃興，也有蓄勢待發的傾向，這是件可喜可賀的事，但是，壯年社會仍然瀰漫著保守的氣息，真是令人憂慮！為了發揮其獨立不羈的精神，必需徹底清除今日那種視政府為萬能，各種事業都喜歡依靠政府保護的風氣。為能耳目一新，不依賴於政府而獨立發展事業，必須要有極力伸張民力的決心。另外，若拘泥於瑣細小事、埋頭於小局面的工作，結果國家條例規章就會愈訂愈多。於是人們就會越加的小心翼翼，害怕觸犯種種規定，或者只完成在規定之內所能做的事。這樣，怎麼能夠出現新的事業，產生活潑的生命力而成為世界一等的國家呢？

順逆二境從何而來

如果一個人知識淵博且聰慧，再加上努力拚搏，他絕對不會陷入逆境。

——澀澤榮一

子曰：「予欲無言。」
子貢曰：「子如不言，則小子何述焉？」
子曰：「天何言哉？四時行焉，百物生焉，天何言哉？」

——《論語・陽貨》

假設有兩個人，其中一個人既沒有地位也沒有財富，換一種說法就是：他生存的環境與條件不理想，身邊沒有任何可以提拔他的長輩，他能夠在社會上立足，僅僅靠普通的學識。但是，這個人具有非凡的能力，身體健全，而且有吃苦耐勞，肯努力的精神，言行舉止有度，只要交給他事情，他都能處理得妥妥當當，讓人放心，甚至超出上級的意料之外，因而贏得大部分人的稱讚。如此一來，此人不管是否為官，只要言必行，業必成，最終達到飛黃騰達的境界。世人從片面的角度觀察此人的身份地位，總以為他的一生是很順利的，是一個一帆風順的幸運兒。其實不是這樣，他既不屬於順境，也不屬於逆境，完全是憑藉自己的努力才創造出來了一片美好的境遇而已。

另外一人，生性懶惰，求學時，各門功課老是不及格，以至屢遭留級，最後勉強畢業了。也只能憑著所學的知識立足於社會，但由於他性情愚鈍，而且不求進取，雖然找到了一份工作，卻總是無法做好上司交代的工作，反而心中忿恨不平，不能忠於工作，最終只能被上司解僱。回到家裏，又遭父母兄弟疏遠，既不能得到家人的信任，也不能得到鄉里的信任。時間長了，他便開始自暴自棄。這時如果有惡友乘機誘惑，他自然就會不知不覺的走上邪路，最終不能以正道立於世，只好彷徨在窮途末路。世人見之，會說他一生都處於逆境當中。表面上看來，他的確像是處於逆境當中，其實並不是這樣，一切都是他自身招致的。韓退之在《符讀書城南》這首詩中是這樣勉勵其子的：

木之就規矩，在梓匠輪輿；
人之能為人，由腹有詩書。
詩書勤乃有，不勤腹空虛。
欲知學之力，賢愚同一初。
由其不能學，所入遂異閭。
兩家各生子，提孩巧相如。
少長聚嬉戲，不殊同隊魚。

年至十二三，頭角稍相疏。
二十漸乖張，清溝映汙渠。
三十骨骼成，乃一龍一豬。
飛黃騰踏去，不能顧蟾蜍。
一為馬前卒，鞭背生蟲蛆。
一為公與相，譚譚府中居。
問之何因爾，學與不學歟。
金璧雖重寶，費用難貯儲。
學問藏之身，身在則有餘。
君子與小人，不繫父母且。
不見公與相，起身自犁鉏。
不見三公後，寒飢出無驢。
文章豈不貴，經訓乃菑畬。
潢潦無根源，朝滿夕已除。
人不通古今，馬牛而襟裾。
行身陷不義，況望多名譽。

時秋積雨霽，新涼入郊墟。
燈火稍可親，簡編可卷舒。
豈不旦夕念，為爾惜居諸。
恩義有相奪，作詩勸躊躇。

這首詩雖然是勉勵人們要以求學為主，但也能從中知道順境與逆境的不同。要而言之，惡者雖教也不得其方，善者不待教而自知其道，由此自然就導致了各自不同的命運。所以嚴格說來，這世上並不存在什麼順境或逆境。

如果一個人知識淵博且聰慧，再加上努力拚搏，他絕對不會陷入逆境。逆境，順境的說法自然也就不存在了。如果有人因為自己個人方面的原因，造成了逆境這一結果，自然就有與之相對的順境這一說法。譬如，身體虛弱的人，他感冒了怪罪天氣寒冷；他腹痛怪罪暑氣，而閉口不提自己的體質差。如果平時注意鍛鍊，在感冒和腹痛到來之前，把身體鍛鍊結實了。那麼，自然就沒有因氣候的變化而遭受病魔侵襲的憂患。這是由於平時不注意鍛鍊而招致的疾病。生病了，不責怪自己反而怨恨氣候，這與自作孽造成的逆境歸罪於天是同一個道理。

孟子見梁惠王說：「王無罪歲，斯天下之民至焉。」意思是說，不承認自己政治的疏失，而歸罪於年歲不好這是不好的。人民是否順服，年歲的好壞並不重要，重要的是統治者是否能施行仁政。然而，把民不歸服歸罪於年歲不好，這和自己造成了逆境，都是出於同一種心理。總之，大部分的人都有這樣一種弊病，即在對待逆境的問題上，總是無視自己的智慧與勤勉程度如何，這真是愚蠢之至。我相信：一個人如果能以自己的智慧，再加上一番努力，那麼，社會上一些人所謂的逆境絕對不會降臨到這個人的頭上。

綜上所述，我敢斷言：世間絕無逆境。但是，有一個極端的情形要除外，那就是：智能與才幹兼備，又勤奮上進，足以為人師表，受人尊敬，在政治界、實業界均能順遂其志而行，莫名其妙的事情卻突如其來，結果造成一敗塗地。這樣的人才能稱為真正的逆境。

成敗身後事

人應該要把「為人之道」牢記在心，進而真正履行自己的職責，以求心安理得。

——澀澤榮一

子曰：「視其所以，觀其所由，察其所安。人焉廋哉？人焉廋哉？」

——《論語・為政》

社會上，沒有遭遇坎坷而成功的人，也不是沒有，但是如果用成功和失敗作為判斷一個人的標準，那不是犯了很大的錯誤嗎？因為人應該以人的職責為標準去選定自己所應當走的路。所謂成功或失敗那不是問題的關鍵，即使有人遭了厄運而獲得成功，善人因運氣不好而失敗，難道就要悲觀失望嗎？其實，成功和失敗，不過是曾經竭盡心力的人，在身上遺留下來的糟粕而已。

現在，很多人眼裏只有成功和失敗，而比這更重要的天地間的道理，他們卻看不見。他們對實質的東西視而不見，而把如糟粕一般的金錢財寶看得至關重要。其實，人應該要把「為人之道」牢記在心，進而真正履行自己的職責，以求心安理得。

在廣大的世界中，本應成功卻反遭失敗的例子並不少。其實，真正的智者是能夠自己創造命運的，而命運卻不會支配人生。但是，只有那些有智慧的人才能創造自己的命運。即便是善良的君子，如果缺乏首要的智力，在緊要關頭，他也可能會錯失良機，進而失去成功的希望。德川家康與豐臣秀吉的事蹟就能證明這一點。

假設秀吉能享有八十歲的天年，而家康六十歲就死去，結果會怎麼樣呢？也許天下就不屬於德川家康，高呼秀吉萬歲也未可知。然而，虛幻莫測的命運幫助了家康，而使秀吉遭致不測。原因不單是秀吉的早死而已，德川氏麾下名將智臣雲集，而豐臣氏卻聽任偏妃在弄權干政，不將六尺之孤托諸忠誠無二的旦元[1]，反而寵信大野[2]父子。

另外，石田三成[3]征伐關東一舉，也加速了豐臣氏自我滅亡的時間。這可能是豐臣氏太愚蠢，德川氏太賢智。據我的判斷，使德川氏創造三百年太平霸業的，毋寧是他的命運所使然。話雖然是這樣說，但要抓住命運這一東西卻是件難事。一般的人往往缺乏把握住命運、改變命運的智力。但是家康他擁有這種智力，所以他能把握時機，改變命運。

總之，一個人只有實實在在的勤奮努力，以開拓自我的命運，才是最好的。萬一失敗，也就認定是自己的智力不及。如果成功了，就是自己活用智慧的結果。但不管是成功還是失敗，悉數聽天由命，不要怨天尤人。即使失敗了，只要努力下去，也會時來運轉的。人生的道路形形色色，有時善人反被惡人所敗，但是，時間一長，善惡到頭終會有報的。因此，與其議論成敗的是非善惡，倒不如先實實在在的努力。如果這樣，公平無私的上蒼也一定會使個人得福，並開拓出命運。

道理如日月經天，始終昭然若揭、絲毫不昧。所以，順從道理而為者必榮達，悖於道理而謀事的人必滅亡。一時的成敗在漫長的人生歲月中，就如泡沫一般。然而，憧憬此等泡沫者甚多，只是關心目前的成敗。那麼，國家的發展與進步就令人擔憂了。

最好能將這種淺薄的想法全然拋棄，在社會上才能享有帶實質內容的生活。苟能超然立於成敗之外，遵循道理，始終如一，你便能享有無上價值的生涯了。況且，成功不過是在完成人生職責之後附帶產生出的糟粕，何足介意？

【注釋】

①旦元：即片桐旦元（一五五六年—一六一五年），日本安土、桃山時代的武將。

②大野：指大野治長（?—一六一五年），日本安土、桃山時代的武將。

③石田三成（一五六〇年—一六〇〇年）：日本安土、桃山時代的武將。

成功講座 399

澀澤榮一
論語與算盤

海鴿文化出版圖書有限公司
Seadove Publishing Company Ltd.

作者　　　澀澤榮一
譯者　　　劉喚
美術構成　騾賴耙工作室
封面設計　九角文化設計
發行人　　羅清維
企畫執行　林義傑、張緯倫
責任行政　陳淑貞

出版　　　海鴿文化出版圖書有限公司
出版登記　行政院新聞局局版北市業字第780號
發行部　　台北市信義區林口街54-4號1樓
電話　　　02-27273008
傳真　　　02-27270603
e - mail　seadove.book@msa.hinet.net

總經銷　　創智文化有限公司
住址　　　新北市土城區忠承路89號6樓
電話　　　02-22683489
傳真　　　02-22696560
網址　　　www.booknews.com.tw

香港總經銷　和平圖書有限公司
住址　　　香港柴灣嘉業街12號百樂門大廈17樓
電話　　　（852）2804-6687
傳真　　　（852）2804-6409

CVS總代理　美璟文化有限公司
電話　　　02-27239968　e - mail：net@uth.com.tw

出版日期　2023年11月01日　二版一刷

定價　　　360元
郵政劃撥　18989626戶名：海鴿文化出版圖書有限公司

國家圖書館出版品預行編目資料

澀澤榮一，論語與算盤：各任日本首相必讀的一本書／澀澤榮一作；劉喚譯--二版，--臺北市 ： 海鴿文化，2023.11
面 ；　公分. －－（成功講座；399）
ISBN 978-986-392-506-4（平裝）
1. 論語 2. 研究考訂 3. 企業管理 4. 商業倫理

494　　　112017019